Herzlich willkommen!
Das ist dein persönliches M-BOOK.

Aktiviere dein M-BOOK online und nutze es mit zusätzlichen Inhalten und Funktionalitäten.

www.wirlernenmitmanz.at

Hier findest du deinen persönlichen Startcode:

53354BykweUP

Susanne Spangl, Monika Timm, Claudia Euler-Rolle
Projektmanagement HAK III, Auflage 2017, SBNr. 180791

Dieses Arbeitsbuch wurde vom Bundesministerium für Bildung mit Bescheid vom 04. 10. 2016, Geschäftszahl BMBF-5.025/0029-IT/3/2016, für den Unterricht in Handelsakademien, III. Jahrgang, im Unterrichtsgegenstand Businesstraining, Projekt- und Qualitätsmanagement, Übungsfirma und Case Studies für geeignet erklärt.

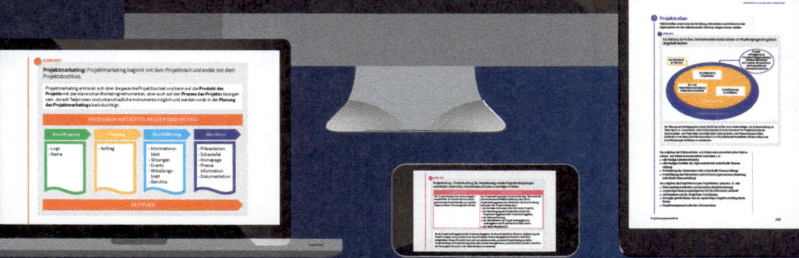

1-2-3 zum Lernerfolg

Dein M-BOOK ist einfach und klar aufgebaut.
Drei Phasen führen dich zum Lernerfolg.

LERNEN
Wissen & Verstehen

ÜBEN
Probieren & Trainieren

KÖNNEN
Anwenden & Vernetzen

1

In der ersten Phase LERNEN erklärt dir dein M-BOOK die Lerninhalte. Zu den Erklärungen gibt es anschauliche Beispiele .

So kannst du immer gleich selbst etwas mit den Lerninhalten anfangen. Du lernst Schritt für Schritt und baust einfach und sicher dein Wissen auf.

2

In der zweiten Phase ÜBEN bietet dir dein M-BOOK Übungsaufgaben gleich bei den Lerninhalten. So kannst du sofort trainieren und aus-probieren, ob du das Gelernte wirklich schon beherrscht.

Falls es einmal nicht so gut klappen sollte, schaust du dir die Erklärungen einfach nochmal an und probierst die Übungen erneut.

3

In der dritten Phase KÖNNEN zeigst du, was du kannst. Jetzt geht es darum, das Gelernte richtig anzuwenden. Dafür gibt es hier zusammenfassende Aufgabenstellungen und Fallbeispiele.

Am Ende findest du einen Kompetenzcheck – damit du selbst einschätzen kannst, wo du schon richtig gut bist und was du vielleicht doch noch wiederholen und üben musst.

Wir bilden die Zukunft.   Wir leben im Jetzt.   Wir lernen mit MANZ.

Inhaltsverzeichnis

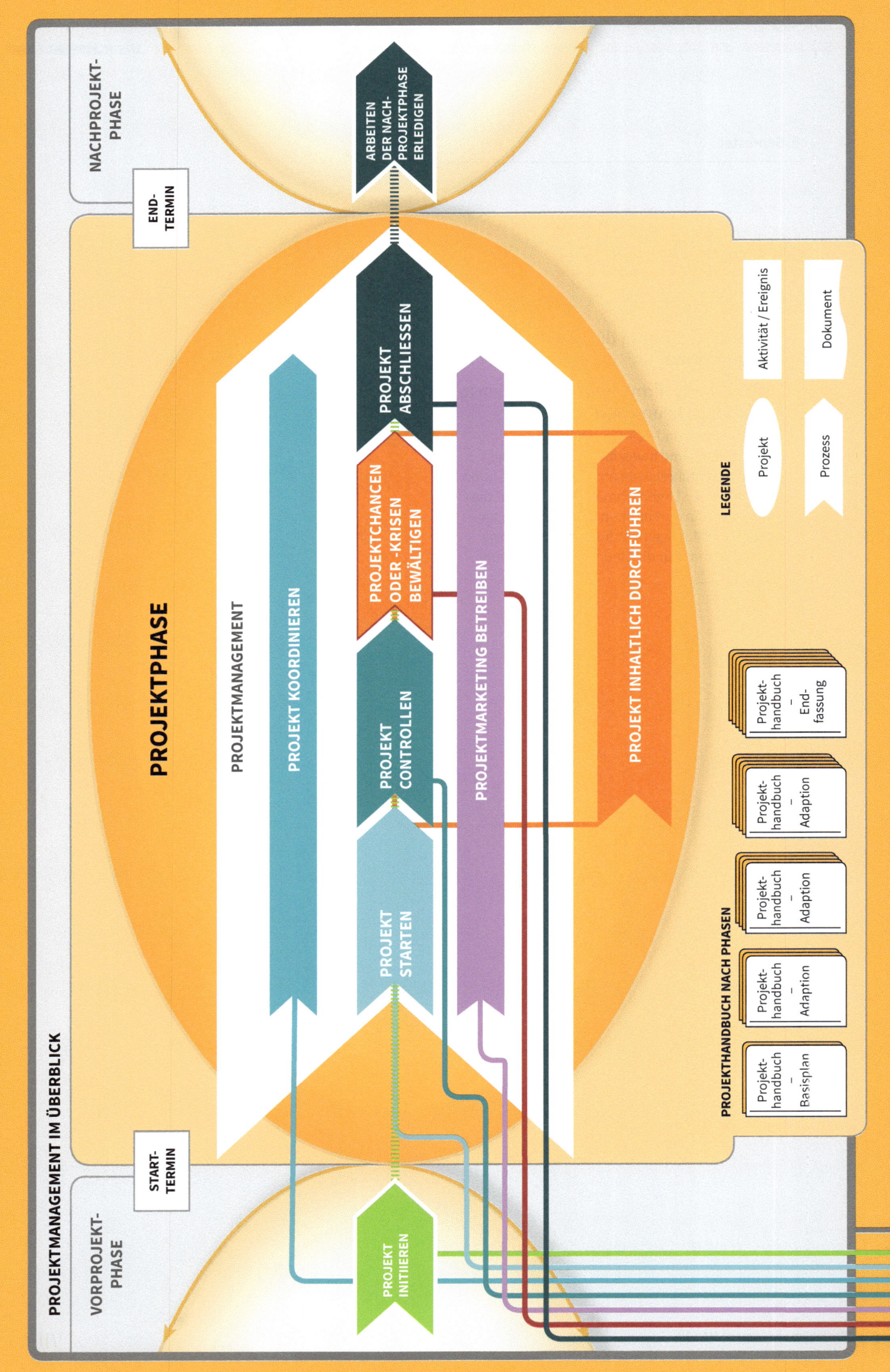

KAPITEL 1: PROJEKTMANAGEMENT IM ÜBERBLICK

KAPITEL 2: PROJEKT INITIIEREN

- Ideen entwickeln
- Durchführbarkeit analysieren
  - Alternativen bewerten
  - SWOT-Analyse, Nutzwertanalyse, Business Case Analyse
  - Ressourcen? Machbar?
- Projektwürdigkeit analysieren
  - Projekt, Aufgabe in der Linie oder Programm?
- Grobplanung erstellen
  - Rollen im Projekt festlegen
  - Projektorganigramm, Projektrollen
  - Ziele, Termine, Aufgaben, Rollen, Kosten
- Projektauftrag einholen
  - Projektantrag
- Projektauftrag

KAPITEL 3: PROJEKT STARTEN

- Projektstart organisieren
  - Tagesordnung, Protokoll
- Projekt abgrenzen und Kontext analysieren
  - Abgrenzung / Kontextanalyse: zeitlich, sachlich, sozial
- Leistungen planen
  - Objektstrukturplan
  - **PROJEKTSTRUKTURPLAN**
  - Arbeitspaketspezifikationen
  - Funktionendiagramm
- Termine festlegen
  - Meilensteinplan
  - Balkenplan
- Ressourcen und Kosten planen
  - Personaleinsatzplan
  - Ressourcen-Kostenplan
  - Finanzmittelplan
- Risiken und Chancen analysieren
  - Risikoportfolio
  - Ishikawa-Diagramm
  - Projektrisikoanalyse
- Projektkultur entwickeln
  - Spielregeln
  - Kommunikationsstruktur
  - Organisationsmittel der Kommunikation
- Dokumentation lenken und Software einsetzen
  - Projektdokumentation
  - Tätigkeitsberichte
  - Projekthandbuch Basisplan

KAPITEL 4: PROJEKT KOORDINIEREN

- Projektkoordination sicher stellen
  - Einladung, Tagesordnung, Protokoll
- Projektdurchführung unterstützen
  - To-do-Listen
- Projektänderungen managen
  - Changerequest, Claim

KAPITEL 5: PROJEKT CONTROLLEN

- Projektcontrolling organisieren
  - Einladung, Tagesordnung, Protokolle
- Projektstatus feststellen
  - PHB Ist-Stand
- Projektfortschritt bewerten
  - Projektfortschrittsberichte
- Projektpläne anpassen
- Projekt Score Card

KAPITEL 6: PROJEKTMARKETING BETREIBEN

- Projektmarketing planen
  - Projektmarketingkonzept
- Projektmarketing durchführen
  - Projektmarketinginstrumente

KAPITEL 7: PROJEKTCHANCEN UND -KRISEN BEWÄLTIGEN

- Projektchancen und -krisen erkennen
- Projektchancen und -krisen analysieren
  - Projekteskalationsantrag
- Maßnahmen ableiten und kommunizieren

KAPITEL 8: PROJEKT ABSCHLIESSEN

- Projektabschluss organisieren
  - Einladung, Tagesordnung, Protokoll
- Projekthandbuch abschließen
  - Projekthandbuch Endfassung
- Projekt evaluieren
  - Projektabschlußbericht
- Know-how transferieren
- Projektorganisation auflösen

ARBEITEN NACHPROJEKTPHASE

- Folgeaktivitäten durchführen
- Folgeprojekte initiieren

VORWORT

Liebe Schülerin, lieber Schüler,

wie kannst du das Buch verwenden bzw. wie ist es aufgebaut?

Herzstück der einzelnen Kapitel im **Schulbuch** sind die Lerneinheiten, die aus einem oder mehreren inhaltlichen Bausteinen bestehen. Wichtige Kenntnisse werden in der Lernkarte komprimiert und grafikunterstützt dargestellt sowie im Anschluss erklärt. Das Fallbeispiel „Winterfest" erstreckt sich über alle Kapitel und macht als Musterbeispiel auch die Zusammenhänge sichtbar. Die unmittelbar folgenden Aufgaben leiten dich bei der Planung, Durchführung und dem Abschluss eines eigenen Projekts sowie der Vorbereitung der Arbeit in der Übungsfirma an. Am Kapitelende findest du zusätzliche Aufgaben und Fallbeispiele sowie den Kompetenzcheck.

Du kannst dieses Buch auch dazu nutzen, dich auf die PM-Basic-Zertifizierung von Projektmanagement Austria vorzubereiten. Für diese Zertifizierung brauchst du Kenntnisse, die über die vom Lehrplan geforderten Kompetenzen hinausgehen. Im Buch sind diese Inhalte mit folgendem Symbol in der Kapitelfarbe gekennzeichnet: PM+

Die Printvariante des Schulbuchs wird durch ein **E-Book** ergänzt, in dem unterstützende bzw. zusätzliche Unterlagen und Tools sowie Multiple-Choice-Fragen zu finden sind. Diese Fragen mit automatischer Aufgabenkontrolle dienen zur Vorbereitung der PM-Basic-Zertifizierung von Projektmanagement Austria.

Wenn du dich auf die **wesentlichen Inhalte im Projektmanagement** beschränken möchtest, empfehlen wir dir folgende Kompetenzen:

- Projekt, Projektmanagement, Projektarten definieren
- Projektmanagementphasen (Vorprojektphase, Projektphase und Nachprojektphase) definieren und bearbeiten
- Projektwürdigkeitsanalysen durchführen
- Rollen und Funktionen im Projekt definieren und kompetenzorientiert besetzen
- Projektabgrenzungen durchführen inklusive Projektziele definieren und Indikatoren der Zielerreichung im Zieleplan formulieren
- Projektauftrag gestalten
- Teams bilden und eine Projektkultur entwickeln
- mit (externem) Auftraggeber in geeigneter Weise kommunizieren und verhandeln
- Projekte nach den Methoden des Projektmanagements (inklusive Kostenplan, Objektstrukturplan, Projektstrukturplan, Funktionendiagramm bzw. Verantwortungsmatrix, Arbeitspakete, Terminplan, Risikoanalyse, Projektcontrolling) anbahnen, planen, durchführen und abschließen
- Projekte laufend evaluieren

Die Autorinnen

1

Projektmanagement im Überblick

Worum geht's in diesem Kapitel?

Anna und ihre Freunde wollen an ihrer Schule für alle Schülerinnen und Schüler ein Winterfest organisieren. Die Organisation und Durchführung eines solchen Fests ist ein Projekt. Projektmanagement (PM) trägt entscheidend zum Erfolg eines Projekts bei.

AUFGABE

Feste organisieren und feiern

- Beurteile, ob es in eurer Schule schon einmal ähnliche Feste wie ein Winterfest für alle Schülerinnen und Schüler gegeben hat.
- Liste private Feste auf, die du schon veranstaltet hast.
- Begründe, welches dieser Feste deiner Meinung nach besonders erfolgreich war.

In diesem Kapitel lernst du:

- **was Projekte von Routineaufgaben unterscheidet**
- **welche Projektarten es gibt**
- **was Projektmanagement ist, was es umfasst, welche Berufsbilder es gibt**
- **wie Projektmanagement mit Erfolg und Qualitätsmanagement zusammenhängt**

Der Projektmanagementprozess

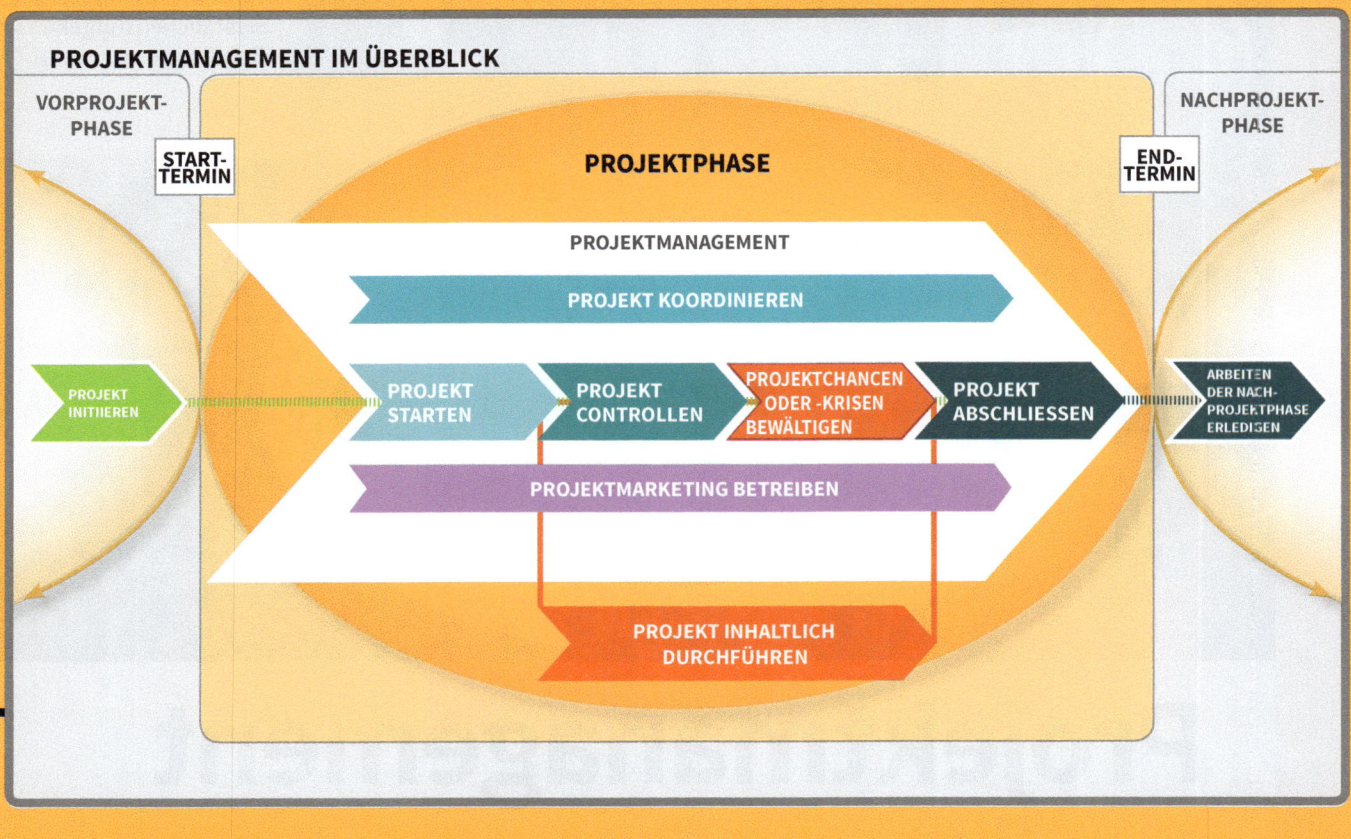

KAPITEL 1: PROJEKTMANAGEMENT IM ÜBERBLICK

Der Projektmanagementprozess wird in drei Phasen gegliedert:

1. Vorprojektphase: In dieser Phase wird das Projekt initiiert und beauftragt.

2. Projektphase: In dieser Phase wird das Projekt gestartet, durchgeführt und abgeschlossen.

3. Nachprojektphase: In dieser Phase werden Folgeaktivitäten durchgeführt und Folgeprojekte initiiert.

1 Was ist ein Projekt?

In einer Organisation, z. B. einem Unternehmen, unterscheidet man zwischen Routineaufgaben und Projekten. Ein Projekt hat einige Merkmale, die es von Routineaufgaben unterscheiden.

1 Kennzeichen eines Projekts

Projekte weisen folgende drei **Kennzeichen** auf:

1. **zeitlich begrenzte Organisation:** Die Laufzeit von Projekten ist zeitlich begrenzt.
2. **komplexe Aufgabe:** Projekte sind komplexe, meist neuartige, für die durchführende Organisation bedeutende Aufgaben, die mehr oder weniger riskant sind. Ihre Ziele werden bezüglich des Leistungsumfangs, der Termine, Ressourcen und Kosten konkretisiert und zwischen der Projektauftraggeberin/dem Projektauftraggeber und der Projektleiterin/ dem Projektleiter vereinbart.
3. **soziales System:** Für ein Projekt kann man zwischen **innen** und **außen** unterscheiden. Es ist ein eigenständiges soziales System mit eigenen Werten und Regeln, Kommunikationsformen, Projektrollen etc. Projektmanagement muss die Beziehungen im Projekt und die Außenbeziehungen (z. B. zu Kundinnen/Kunden, Lieferantinnen/ Lieferanten, Konkurrentinnen/Konkurrenten, Anrainerinnen/Anrainern etc.) berücksichtigen und gestalten. Hier spricht man auch von „Stakeholdern" (Umwelten wie Interessengruppen, Anspruchsgruppen) eines Projekts.

Beispiel Winterfest: Die fünf Freunde Anna, Alexander, Ayse, Lukas und Lena wollen ein Winterfest veranstalten. Ihre Direktorin ist von der Idee begeistert und schlägt ihnen vor, das Winterfest als Projekt zu organisieren. Dazu analysieren sie ihr Vorhaben hinsichtlich der drei Kennzeichen und kommen zu folgendem Ergebnis:

Winterfest als Projekt
Die Organisation eines Winterfestes ist eine zeitlich begrenzte, komplexe Aufgabe, an der viele Menschen beteiligt sind. Deshalb ist sie ein Projekt.

KENNZEICHEN	ANALYSE
zeitlich begrenzte Organisation	Das Projekt beginnt zu Beginn des Semesters und endet mit dem Fest vor Weihnachten.
komplexe Aufgabe	Das Projekt ist vielschichtig. Es gibt verschiedene richtige Lösungen. Es gibt verschiedene Lösungswege und -methoden. Die Aufgabe kann am besten im Team bewältigt werden.
soziales System	Es gibt im Projekt das Projektteam. Die wichtigsten Stakeholder sind die Direktorin, die Schülerinnen und Schüler, die Lehrerinnen und Lehrer, die Schulwarte, das Sekretariatsteam, Sponsorinnen und Sponsoren.

Ü 1.1 Projekt analysieren

Wählt in einer Gruppe von 3–5 Personen ein Projekt aus, das es in eurer Schule in letzter Zeit gegeben hat, und lasst euch eine Kopie des Projekthandbuchs geben (wenn ihr keines organisieren könnt, findet ihr ein Muster im E-Book). Analysiert es hinsichtlich der drei Kennzeichen. Erläutert, inwieweit es

- eine zeitlich begrenzte Organisation,
- eine komplexe Aufgabe,
- ein soziales System war.

> **ⓜ ZUSATZINHALT**
> Ein Musterprojekt-handbuch findest du im E-Book.

② Projektarten

Es gibt viele unterschiedliche Projektarten. Je besser das Projektmanagement auf die Projektart zugeschnitten ist, desto effektiver sind die Projekt-management-Maßnahmen.

Um Erfolg zu haben, sind je nach Projektart unterschiedliche Aktivitäten zur inhaltlichen Durchführung notwendig. Abhängig von den Kriterien, die man betrachtet, kann man verschiedene Projektarten unterscheiden.

PROJEKTARTEN		
Differenzierungs-kriterium	Projektarten	Beispiele
inhaltliche Ziele	• Auftragsprojekte • Marketingprojekte • Organisations-entwicklungsprojekte	• Bau und Ausstattung einer Fertigungshalle • Konzept für Werbekampagne • Personalentwicklungsprogramm
Konkretisierung	• Konzeptionsprojekte • Realisierungsprojekte	• Konzept für Werbekampagne • Bau und Ausstattung einer Fertigungshalle
Wiederholungsgrad	• einmalige Projekte • sich wiederholende Projekte	• Bau und Ausstattung einer Fertigungshalle • Messebeteiligung
Auftraggeberin/ Auftraggeber	• interne Projekte • externe Projekte	• Personalentwicklungsprogramm • Bau einer Parkgarage für ein Kaufhaus
Komplexität	• Projekte mittlerer Komplexität • Projekte hoher Komplexität	• Messebeteiligung • Bau und Ausstattung einer Fertigungshalle
Größe	• kleine Projekte • mittelgroße Projekte • Großprojekte	• Buffet am Elternsprechtag • Messebeteiligung • Umbau einer Wohnhausanlage
Dauer	• Kurzprojekte • mittellange Projekte • lange Projekte	• Buffet am Elternsprechtag • Messebeteiligung • Umbau einer Wohnhausanlage
Risiko	• Projekte mit mittlerem Risiko • Projekte mit hohem Risiko	• Projekt mit bekannten Produkten in neuem Markt • Projekt mit neuen Produkten in neuem Markt

Beispiel Winterfest: Das Projekt Winterfest könnte man hinsichtlich der Projektarten folgendermaßen einordnen:

PROJEKTARTEN		
Differenzierungs-kriterium	Projektarten	Beispiele
inhaltliche Ziele	Auftragsprojekt	Auch wenn die Initiative vom Projektteam (Anna, Alexander, Ayse, Lukas und Lena) ausgeht, gibt die Direktorin den Auftrag zum Projekt.
Konkretisierung	Realisierungsprojekt	Die Party wird tatsächlich durchgeführt.
Wiederholungsgrad	einmaliges Projekt	Vorerst ist keine Wiederholung vorgesehen.
Auftraggeberin/ Auftraggeber	internes Projekt	Auftraggeberin ist die Direktorin der Schule, also die Organisation, der das Projektteam angehört.
Komplexität	Projekt mittlerer bis hoher Komplexität	Es sind vielfältige Aufgaben zu erledigen, es gibt viele verschiedene Lösungen, Lösungswege und -methoden. Die Party wird am besten im Team organisiert. Selbstverständlich kann man die Party nicht mit dem Bau eines Flughafens vergleichen, aber für die Organisation Schule könnte man das Projekt auch als ein Projekt hoher Komplexität einordnen.
Größe	mittelgroßes bis großes Projekt	Die Größe eines Projekts hängt vor allem vom Budget, den beteiligten Personen, von der Dauer und von den zu leistenden Aufgaben ab. Auch hier gilt, dass die Party für die Schule ein eher großes Projekt ist.
Dauer	mittellanges Projekt	Ein Semester ist für ein Schulprojekt zumindest mittellang. Grundsätzlich ist es günstig, die Dauer eines Projekts eher kurz zu halten. Bei zu langer Dauer sinkt die Motivation der Beteiligten.
Risiko	mittelgroßes Risiko	Das Projekt wirkt größtenteils schulintern (außer Sponsorinnen und Sponsoren), es besteht ein gewisses finanzielles Risiko. Wenn das Projekt scheitert, weiß zumindest die gesamte Schule davon, aber vermutlich wird deswegen niemand das Lernziel nicht erreichen.

Ü 1.2 Projekt zuordnen

Ordnet euer gewähltes Projekt **(Ü 1.1)** der jeweiligen Projektart zu.

2 Was ist Projektmanagement?

Projektmanagement hilft dir, Projekte erfolgreich zu planen, durchzuführen und abzuschließen. Was man unter Projektmanagement versteht, erfährst du auf den folgenden Seiten.

1 Projektmanagement als Prozess

 **LERNKARTE**

Projektmanagement: Projektmanagement ist ein Prozess zur strukturierten Durchführung von Projekten in Organisationen. Der Projektmanagementprozess startet mit der Projektbeauftragung und endet mit der Projektabnahme.

Die Projektbeauftragung findet vor dem eigentlichen Projektmanagementprozess statt – allerdings kann das Projekt ohne Beauftragung nicht gestartet werden. Projektmanagement befasst sich daher auch damit, wie es zum jeweiligen Projekt gekommen ist und was nach Ende des Projekts noch geschehen muss oder kann.

Nach Abschluss des Projekts wird das Ergebnis am Grad der Zielerreichung gemessen. Der Gesamterfolg eines Projekts ist vom Ergebnis (Produkt) und vom Prozess der Abwicklung des Projekts abhängig. Erfahrungen aus einem Projekt sollen für weitere Projekte nutzbar gemacht werden können.

Der Projektmanagementprozess und seine Teilprozesse müssen bewusst gestaltet werden. Das umfasst u. a. die Auswahl geeigneter Kommunikationsstrukturen und -formen, entsprechender IT- und Kommunikationsinstrumente zur Unterstützung der Kommunikation und Dokumentation, passender Projektmanagement-Methoden etc.

Prozess
Ein Prozess ist ein Vorgang, bei dem Inputs (z. B. Ideen) durch werterhöhende Arbeit zu Outputs (Ergebnissen) umgewandelt werden.

Ü 1.3 Aufwand

Untersucht für das Projekt Winterfest mithilfe des Klassenplakats Projektmanagement, in welchem Prozess der Aufwand für Projektmanagement vermutlich am größten sein wird. Begründet eure Einschätzung.

Ü 1.4 Aufwand überprüfen

Überprüft eure Einschätzung des Aufwands für Projektmanagement anhand des Projekthandbuchs des gewählten Projekts aus **Ü 1.1.**

2 Teilprozesse des Projektmanagements

 **LERNKARTE**

Teilprozesse: Der Projektmanagementprozess gliedert sich in mehrere Teilprozesse.

Diese Teilprozesse sind:

- Projekt starten (planen)
- Projekt koordinieren
- Projekt controllen
- Projektmarketing betreiben
- Projekt abschließen

Es können im Projekt Ausnahmesituationen auftreten, es kann zu einer Krise kommen oder es kann sich eine unerwartete Chance ergeben. In diesem Fall ist ein weiterer Prozess nötig, man muss diese

- Projektchancen oder -krisen (= Diskontinuitäten) bewältigen.

Jeder Teilprozess stellt andere Anforderungen und hat andere Schwerpunkte.

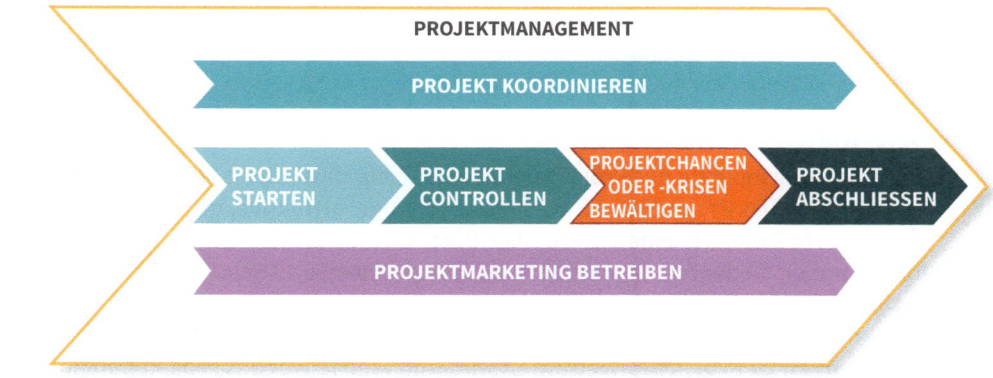

Ü 1.5 Teilprozesse

Auf der Übersichtgrafik Projektmanagement auf den Einleitungsseiten findest du Teilprozesse des Projektmanagements, die durchzuführenden Tätigkeiten in den einzelnen Phasen und die wichtigsten zu erstellenden Dokumente angeführt.

- Suche diese Prozesse und erkläre, in welcher Farbe sie dort dargestellt sind.
- Stelle fest, mit welchem Symbol Dokumente abgebildet sind.
- Die Prozesse Projektmarketing betreiben und Projektchancen oder -krisen bewältigen unterscheiden sich in der Darstellung von den anderen. Klärt mögliche Gründe dafür.

3
Gegenstände des Projektmanagements

Erfolgreiches Projektmanagement muss verschiedene Punkte
(= Betrachtungsobjekte) berücksichtigen.

Projektziele
siehe auch **Seite 41!**

M LERNKARTE

> **Betrachtungsobjekte:** Bei einem Projekt müssen Betrachtungsobjekte innerhalb und
> außerhalb des Projekts berücksichtigt werden.

Betrachtungsobjekte innerhalb des Projekts sind:

- Projektziele
- Projektleistungen (z. B. Musik bei der Party)
- Projekttermine
- Projektressourcen (z. B. Personal, Musikanlage)
- Projektkosten

ergebnisorientiert,
„Hard Facts"

- Beziehungen im Projekt
- Projektorganisation
- Projektkultur
- Projektrisiken

prozessorientiert,
„Soft Facts"

Projekte scheitern in
der Praxis oft wegen
der Vernachlässigung
der „Soft Facts".

Betrachtungsobjekte außerhalb des Projekts (= des Projektkontextes) sind:

- Vor- und Nachprojektphase
- andere Projekte
- Unternehmensstrategien
- Beziehungen zu Stakeholdern

Beispiel Winterfest:

Drei Betrachtungsobjekte des Projektmanagements für das Projekt Winterfest sind:

- **Projektziele:** Das Projektteam formuliert eindeutige, attraktive, messbare, realistische und
terminisierte Ziele, z. B. eine 1,5-stündige Party mit mindestens 3 Programmpunkten am
20. Dezember, an der mindestens 80 % der Schülerinnen und Schüler teilnehmen.
- **Beziehungen im Projekt:** Es werden das Projektteam (Alexander, Ayse, Lukas und Lena) und die
Projektleiterin (Anna) bestimmt.
- **Beziehungen zu Projektumwelten:** Es wird untersucht, wer das Projekt behindern bzw. fördern
könnte und welche Maßnahmen man setzen könnte, um das zu verhindern bzw. zu fördern. Die
Anrainerinnen und Anrainer der Schule könnten z. B. Bedenken wegen Lärms haben. Es wird aber
auch betrachtet, wer das Projekt unterstützt und wie diese Chancen noch stärker ausgenützt werden
können.

Ü 1.6 Betrachtungsobjekte

Kennzeichnet anhand des Projekthandbuchs des gewählten Projekts:

- ein Beispiel für ergebnisorientierte „Hard Facts"
- ein Beispiel für prozessorientierte „Soft Facts"
- ein Beispiel für den Projektkontext

PM+ **4**
Projektmanagerin/Projektmanager als Berufsbild

Der Beruf „Projektmanagerin/Projektmanager" ist relativ neu. Es gibt dafür
weiterführende Ausbildungen, z. B. an der WU Wien, bei Coaching-
Unternehmen oder anderen Erwachsenenbildungsinstitutionen.

Weltweite Projektmanagement-Vereinigungen, wie Project Management Institute (PMI) und International Project Management Association (IPMA), haben sich u. a. als Ziel gesetzt, das Berufsbild Projektmanagerin/Projektmanager zu etablieren und zu fördern. Durch Zertifizierungen wird die Qualität von Projektmanagerinnen/Projektmanagern gesichert. In Österreich bietet u. a. die nationale Projektmanagement-Vereinigung der IPMA, Projekt Management Austria (pma), Projektmanagement-Zertifizierungen nach dem Standard der IPMA an.

WEB-LINKS
Links zu den vier Zertifizierungsebenen von pma findest du im E-Book.

Ü 1.7 Berufsbild

a) Besprecht in der Gruppe, ob jemand von euch eine Projektmanagerin/einen Projektmanager kennt. Wenn ja, skizziert, was sie oder er in ihrem/seinem Beruf macht.
b) Erstellt ein Anforderungsprofil für Projektmanagerinnen/Projektmanager, das von der Branche unabhängig ist.
c) Klärt, ob Projektmanagerin/Projektmanager ein für euch interessanter Beruf ist, und begründet eure Einschätzung.

Ü 1.8 Organisationen

Findet im Internet zwei Organisationen, die Projektmanagerinnen/Projektmanager ausbilden.
a) Erstellt eine übersichtliche Tabelle, der man entnehmen kann:
  • Organisation
  • Vorkenntnisse, Voraussetzungen
  • Dauer der Ausbildung
  • Kosten
b) Sprich mit deinen Gruppenmitgliedern darüber, ob eine solche Ausbildung bzw. Zertifizierung für dich interessant wäre, und verfasse im Anschluss eine Stellungnahme.
c) Finde auf der Website von pma – Projekt Management Austria (**www.p-m-a.at**) heraus, welche Zertifizierung für dich (bald) möglich wäre, wie die Prüfung aussieht, mit welchem Dokument du dich darauf vorbereiten kannst und erstelle eine Zusammenfassung.

Ü 1.9 Auszeichnungen

pma – Projekt Management Austria zeichnet Spitzenleistungen im Projektmanagement aus. Finde heraus, welche Preise das sind und wer sie wofür bekommt. Fasse die Ergebnisse zusammen.

5 Erfolgreiche Projekte

Ein Projekt ist dann erfolgreich, wenn die verlangte **Leistung** zur geplanten **Zeit** mit den veranschlagten **Kosten** unter Nutzung der vorhandenen **Ressourcen** (z. B. Personal, Finanzmittel) erbracht wird. D. h., das Projekt wird auftragsgemäß abgewickelt, wenn die vereinbarten **Ziele** erreicht werden.

Im Zuge des Projektmanagements werden vor allem
■ die Projektgrenzen und Projektziele passend festgelegt,
■ adäquate Projektpläne entwickelt und einem regelmäßigen Controlling unterzogen,
■ Projekte prozessorientiert strukturiert,
■ Projektorganisation und Projektkultur dem Projekt entsprechend ausgebildet und
■ die Beziehungen des Projekts zur Projektumwelt (= zum Projektkontext) gestaltet.

Professionelles Projektmanagement kann den Erfolg eines Projekts zwar nicht alleine sichern, trägt aber entscheidend zum Erfolg eines Projekts bei.

Beispiel Winterfest: Um den Erfolg der Party positiv zu beeinflussen, muss das Projektteam im Projektmanagementprozess folgende Aktivitäten setzen bzw. Punkte beachten:

WEB-LINKS
Links zu Studien über Erfolgs- und Misserfolgsfaktoren findest du im E-Book.

AKTIVITÄTEN	BEISPIEL
Projektgrenzen passend festlegen	Festlegen, was im Projekt ist und was nicht: • zeitlich: Start- und Endtermin und -ereignis (z. B. Start-Workshop am 01.10.20..) • sachlich: operationale Ziele festlegen (z. B. Programm für 1,5 Stunden), auch formulieren, was nicht angestrebt ist (z. B. reine Tanzveranstaltung) • sozial: es werden das Projektteam definiert (z. B. Projektleiterin: Anna, Projektteammitglieder: Alexander, Ayse, Lukas, Lena) und relevante Umwelten identifiziert (z. B. Schülerinnen und Schüler, Lehrerinnen und Lehrer, Anrainerinnen und Anrainer …)
entsprechende Projektziele formulieren	Es wird festgelegt, wann die Party stattfindet, wie viele Besucherinnen und Besucher erwartet und welche Programmpunkte geboten werden, wie hoch die Kosten sein dürfen (z. B. Party am 20.12.20.., mindestens 80 % der Schülerinnen und Schüler sollen die Party besuchen, Karaoke-Show, mindestens 3 Sport-/ Scherzwettbewerbe, die Kosten dürfen nicht höher als die Einnahmen sein).
entsprechende Projektpläne entwickeln	Der wichtigste Plan ist der Projektstrukturplan. Er ist das Herzstück des Projektmanagementprozesses. Er stellt den Projektmanagementprozess sowie in logischer Reihenfolge die inhaltlichen Phasen dar. Die Phasen enthalten Arbeitspakete, die erledigt werden müssen. Der Projektstrukturplan bildet ab, wie die einzelnen Teilleistungen entstehen. Er macht das Projekt übersichtlich und nachvollziehbar (z. B. Phase 8, „Aufräumen", Arbeitspaket 1, „Bühne abbauen und wegräumen"). Alle weiteren erstellten Projektpläne werden stimmig aufeinander abgestimmt („roter Faden" der Projektplanung).
Projektpläne einem regelmäßigen Controlling unterziehen	Beim Controlling werden die Pläne überprüft. Falls erforderlich werden Maßnahmen gesetzt (z. B. mithilfe des Meilensteinplans – siehe **Seite 58** – wird überprüft, ob Meilenstein 2 „Informationen ausgetauscht" termingerecht erreicht wurde oder ob eventuell der Termin für den nächsten Meilenstein verschoben werden soll, falls dies möglich sein sollte, ohne das Projekt zu gefährden).
Projekt prozessorientiert strukturieren	Im Projektstrukturplan wird die prozessorientierte Strukturierung vorgenommen. Dadurch kann man gut sehen, wie die gewünschten Ergebnisse erzielt werden. Es kann rechtzeitig eingegriffen werden, wenn sich Schwierigkeiten ergeben sollten (z. B. kann man im Projektstrukturplan sehen, dass die Programmpunkte festgelegt werden müssen und jeder Programmpunkt konzipiert, vorbereitet und die Ausstattung aufgestellt werden muss; falls das Konzept für einen Programmpunkt nicht rechtzeitig fertig sein sollte, kann man eventuell Hilfe einholen).
Projektorganisation dem Projekt entsprechend einrichten	In diesem Projekt wird es niemanden geben, der für die Dauer des Projekts von ihren/seinen Aufgaben in der Stammorganisation befreit ist (alle Schülerinnen und Schüler nehmen in ihren Klassen am Unterricht teil, alle Lehrerinnen und Lehrer erteilen den vorgesehenen Unterricht). Für die Dauer des Projekts nehmen die Schülerinnen und Schüler projektspezifische Rollen ein.
Projektkultur dem Projekt entsprechend ausbilden	Das Team formuliert Spielregeln, die für die Arbeit im Projekt gelten (z. B. alle Termine werden von allen genau eingehalten). Die Wahl eines Logos stärkt die Identifizierung der Projektteammitglieder mit dem Projekt.
Beziehungen des Projekts zur Projektumwelt gestalten	Das Team überprüft, wer vom Projekt betroffen ist, wer das Projektergebnis fördert, wer es stören könnte, und setzt entsprechende Maßnahmen (z. B. laufende Information des Schulwarts).

Ü 1.10 Projektmanagementaktivitäten

Untersucht, welche Projektmanagementaktivitäten in dem von euch ausgewählten Projekt gesetzt wurden.

6 Projektmanagement und Qualitätsmanagement

Hohe Qualität ist dann gegeben, wenn die **Wünsche und Erwartungen der Kundin/des Kunden** erfüllt werden. Kundin/Kunde sind nicht nur jene, die das Ergebnis bzw. die Ergebnisse des Projekts erhalten, sondern alle, die im Rahmen des Projekts eine Leistung oder Teilleistung erhalten (das kann ein Produkt oder eine Dienstleistung sein).

Die Kundenerwartungen werden in den Projektzielen formuliert. Sie können sich im Projektablauf ändern. Es ist eine Projektmanagementaufgabe, die Kundenerwartungen zu steuern. Für die Durchführung qualitätssichernder Maßnahmen ist jedes Mitglied der Projektorganisation verantwortlich. Qualität bezieht sich auf Inhalte und den Prozess. Professionelles Projektmanagement trägt zur Sicherung der inhaltlichen Qualität bei. Aber das beste Projektmanagement nützt nichts, wenn der Inhalt des Projekts schlecht ist.

Sowohl Qualitätsmanagement als auch professionelles Projektmanagement gehen prozessorientiert vor.

M LERNKARTE

Deming-Kreis/PDCA-Zyklus: Die einfachste Form, qualitätsorientiert zu arbeiten, ist, den sogenannten Deming-Kreis oder PDCA-Zyklus im Rahmen des Projektmanagements zu befolgen.

Die folgende Grafik zeigt den nicht endenden Zyklus Plan-Do-Check-Act, aus der auch die Prozessorientierung und die Erfüllung der Kundenerwartungen ersichtlich sind:

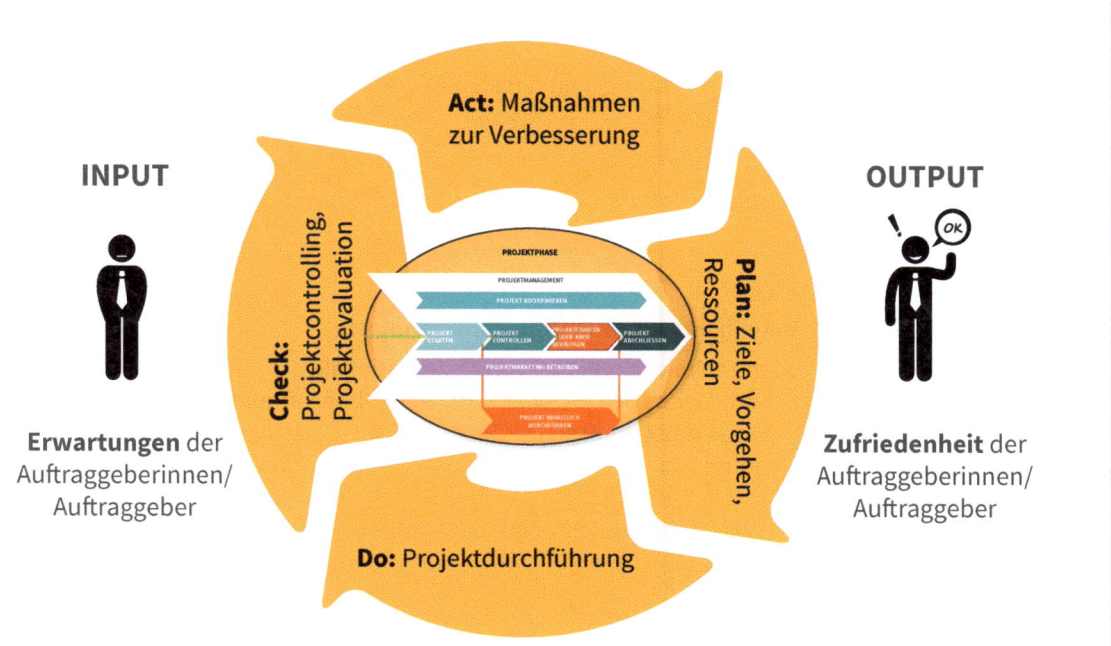

Im **PDCA-Zyklus** gibt es folgende Phasen:

- Die Ziele, das Vorgehen und die Ressourcen werden **geplant (Plan).**
- Entsprechend der Planung wird anschließend im Projekt gearbeitet, d. h., das Projekt wird **durchgeführt (Do).**
- Bei Erreichung eines Kontrollpunkts **(Check)** wird das Ergebnis **gemessen.** Dabei wird verglichen, ob das Geplante (Soll-Werte, Ziele) mit dem Tatsächlichen (Ist-Werte, Ergebnisse) übereinstimmt oder ob es Abweichungen gibt.
- Alle Beteiligten sollen aus dem Projekt etwas lernen und ständig besser werden. Daher werden nach der Check-Phase konkrete **Verbesserungsmaßnahmen beschlossen** und auch schriftlich mit Verantwortlichen und Terminen **festgehalten (Act).**

Der Deming-Kreis kann bei einzelnen Arbeitsschritten und für die gesamte Organisation befolgt werden. Besonders ausgeprägt ist die Vorgehensweise nach dem Deming-Kreis bei agilen Projektmanagement-Methoden. Agiles Projektmanagement wird vor allem in der Softwareentwicklung angewandt und zeichnet sich durch dynamische und flexible Steuerung sowie starken Fokus auf Kunden aus.

Beispiel Winterfest:

Im Projekt Winterfest sind die Kunden die Schülerinnen und Schüler, die die Party besuchen, aber auch das Projektteam und sonstige relevante Umwelten wie Sponsorinnen und Sponsoren, Lehrerinnen und Lehrer, Mitwirkende, das Schulwarteteam etc. Das Schulwarteteam erwartet sich z. B., dass sich die Schülerinnen und Schüler an den Aufräumarbeiten beteiligen und die Räume so hinterlassen, wie sie sie vorgefunden haben.

Erwartungen, die sich ändern können, sind z. B. mehr oder weniger Programmpunkte, einfacheres oder umfangreicheres Buffet etc.

Sowohl Projektmanagement als auch Qualitätsmanagement gehen prozessorientiert vor. Das Projektteam wird den PDCA-Zyklus möglichst oft befolgen.

Ü 1.11 Qualität und Erfolg

Setzt in der Gruppe mit dem von euch gewählten Projekt fort.
a) Erklärt anhand dieses Projekts den Unterschied zwischen Qualität und Erfolg eines Projekts.
b) Listet die Kundinnen und Kunden des betrachteten Projekts auf.
c) Beschreibt, wie man feststellt, ob das Projekt erfolgreich war und beurteilt den Projekterfolg.
d) Beschreibt, wie man im Projekt die Qualität feststellt und versucht, diese für das vorliegende Projekt zu beurteilen.

Können

K 1.1 Fallbeispiel A: Beteiligung an einer Übungsfirmenmesse

Im In- und Ausland finden zahlreiche regionale und internationale Übungsfirmenmessen statt (siehe auch **www.act.at**). Viele Übungsfirmen nützen daher die Möglichkeit, sich an diesen Messen als Besucher oder Aussteller zu beteiligen. Nehmt Kontakt mit Übungsfirmen an eurem Schulstandort auf und bittet die zuständigen Personen um Dokumentationen (Projekthandbücher, Berichte, Unterlagen …) über erfolgte Messebeteiligungen als Aussteller.

1. Analysiert, wo ihr
   - das Projekt als temporäre Organisation,
   - das Projekt als komplexe Aufgabe und
   - das Projekt als soziales System erkennen könnt.

2. Begründet, um welche Projektart es sich handelt.

3. Überprüft, welche Teilprozesse des Projektmanagements in diesem Projekt bearbeitet wurden.

4. Identifiziert für dieses Projekt die Betrachtungsobjekte des Projektmanagements und stellt sie übersichtlich dar.

5. Klärt, woran man erkennen kann, ob das Projekt erfolgreich war, analysiert, welche Faktoren sich vermutlich positiv auf den Projekterfolg ausgewirkt haben, und beurteilt, ob das vorliegende Projekt erfolgreich war.

6. Erläutert, woran man erkennen kann, ob die Qualität des Projekts hoch war, beurteilt, ob im vorliegenden Projekt eine hohe Qualität erreicht wurde, und zeigt den Zusammenhang von Projektmanagement und Qualitätsmanagement auf.

7. Erstellt ein Beispiel für die Anwendung des Deming-Kreises in diesem Projekt.

K 1.2 Fallbeispiel B: Verwaltung der Daten der Absolventinnen/Absolventen der Schule

Als Projektleiterin/Projektleiter überlegst du, mit deinem Team ein Projekt zur Erstellung einer Datenbank für die Verwaltung der Daten der Absolventinnen/ Absolventen deiner Schule zu erstellen. In diesem Zusammenhang sind vorerst folgende Aufgaben zu erledigen:

1. Begründe anhand der Kennzeichen
   - Projekt als temporäre Organisation,
   - Projekt als komplexe Aufgabe und
   - Projekt als soziales System,
   ob es sich im vorliegenden Fall um ein Projekt handelt.

2. Erkläre, welche Projektart hier vorliegt.

3. Benenne die Teilprozesse des Projektmanagements, die hier bearbeitet werden müssen.

4. Nenne für dieses Projekt
   - ein Beispiel für ergebnisorientierte „Hard Facts",
   - ein Beispiel für prozessorientierte „Soft Facts",
   - ein Beispiel für Betrachtungsobjekte des Projektkontextes.

5. Zeige auf, woran man erkennen kann, ob das Projekt Verwaltung der Daten der Absolventinnen/Absolventen erfolgreich ist.

6. Erläutere, woran man erkennen kann, ob die Qualität des Projekts hoch ist, und stelle den Zusammenhang von Projektmanagement und Qualitätsmanagement dar.

7. Identifiziere die Kundinnen/Kunden in diesem Projekt.

8. Zeige an einem Beispiel, wie in diesem Projekt der Deming-Kreis angewendet werden kann.

K 1.3 Fallbeispiel C: Sammeln von Spenden für ein Waisenhaus

Du planst, mit deinem Team Spenden zur Unterstützung eines Waisenhauses in Rumänien zu sammeln und auch die Übergabe an die Heimleiterin/den Heimleiter zu organisieren. In diesem Zusammenhang sind vorerst folgende Aufgaben zu erledigen:

1. Erkläre, welche Projektart hier vorliegt.

2. Benenne die Teilprozesse des Projektmanagements, die hier bearbeitet werden müssen.

3. Nenne für dieses Projekt
   - ein Beispiel für ergebnisorientierte „Hard Facts",
   - ein Beispiel für prozessorientierte „Soft Facts",
   - ein Beispiel für Betrachtungsobjekte des Projektkontextes.

4. Zeige auf, woran man erkennen kann, ob das Projekt Sammeln von Spenden für ein Waisenhaus erfolgreich ist.

5. Erläutere, woran man erkennen kann, ob die Qualität des Projekts hoch ist und stelle den Zusammenhang von Projektmanagement und Qualitätsmanagement dar.

6. Identifiziere die Kundinnen/Kunden in diesem Projekt.

7. Zeige an einem Beispiel, wie in diesem Projekt der Deming-Kreis angewendet werden kann.

WEITERE AUFGABEN ZU DIESEM KAPITEL IM E-BOOK.

Ⓜ ZUSATZINHALT
Im E-Book findest du einen Multiple-Choice-Test, der sich an den Zertifizierungsanforderungen orientiert, sowie Aufgaben mit automatischer Kontrolle.

Ⓜ AUFGABEN
K 1.4 – K 1.5

Kompetenzcheck

KOMPETENZEN KAPITEL 1	KANN ICH	LEHRSTOFF	WENN ICH NOCH ÜBEN MUSS …
Ich kann erklären, was ein Projekt ist.		Lerneinheit 1, Lernschritt 1	Ü 1.1, K 1.1, K 1.2
Ich kann erklären, welche Projektart vorliegt.		Lerneinheit 1, Lernschritt 2	Ü 1.2, K 1.1, K 1.2, K 1.3
Ich kann erklären, was man unter Projektmanagement versteht.		Lerneinheit 2, Lernschritt 1	Ü 1.3, Ü 1.4
Ich kann die Teilprozesse des Projektmanagementprozesses nennen.		Lerneinheit 2, Lernschritt 2	Ü 1.5, K 1.1, K 1.2, K 1.3
Ich kann die Betrachtungsobjekte des Projektmanagements definieren.		Lerneinheit 2, Lernschritt 3	Ü 1.6, K 1.1, K 1.2, K 1.3
Ich kann den Zusammenhang zwischen Projektmanagement und Projekterfolg darstellen.		Lerneinheit 2, Lernschritt 5	Ü 1.10, K 1.1, K 1.2, K 1.3
Ich kann die Beziehung zwischen Projektmanagement und Qualitätsmanagement skizzieren.		Lerneinheit 2, Lernschritt 6	Ü 1.11, K 1.1, K 1.2, K 1.3
Ich kann den Deming-Kreis anwenden.		Lerneinheit 2, Lernschritt 6	Ü 1.11, K 1.1, K 1.2, K 1.3
Ich kann das Berufsbild „Projektmanagerin/Projektmanager" erklären.		Lerneinheit 2, PM+ Lernschritt 4	Ü 1.7, Ü 1.8

Aktiviere dein Schulbuch als E-Book!

Nutze dieses Kapitel mit zusätzlichen Aufgaben und digitalen Lernkarten.

www.wirlernenmitmanz.at

2

Projekt initiieren

Worum geht's in diesem Kapitel?

In der Initiierungsphase wird analysiert, ob es sich überhaupt um ein Projekt handelt und es durchgeführt werden kann. Wenn die Rollen grundsätzlich verteilt sind und die Grobplanung gemacht ist, kann das Projekt beauftragt werden. Mit dem unterschriebenen Projektauftrag geht es wirklich los!

AUFGABE

Projektidee

Du wirst in Kürze ein eigenes Projekt im Team planen und durchführen.

- Bilde mit deinen Schulkolleginnen und -kollegen eine Gruppe in der Größe von 3–5 Personen.
- Ernennt eine vorläufige Gruppenleiterin bzw. einen vorläufigen Gruppenleiter.
- Diskutiert in der Gruppe, welche der Projekte, von denen ihr bisher an der Schule gehört habt, euch interessieren würden.
- Fertigt eine Liste von 3–5 interessanten Projekten an.

In diesem Kapitel lernst du:

- Projektideen zu entwickeln
- Projektalternativen zu bewerten
- eine Durchführbarkeitsanalyse zu erstellen
- die Projektwürdigkeit zu beurteilen
- die Rollen im Projekt zu beschreiben und festzulegen
- eine Grobplanung für das Projekt zu erstellen
- den Projektauftrag einzuholen

Projekt initiieren

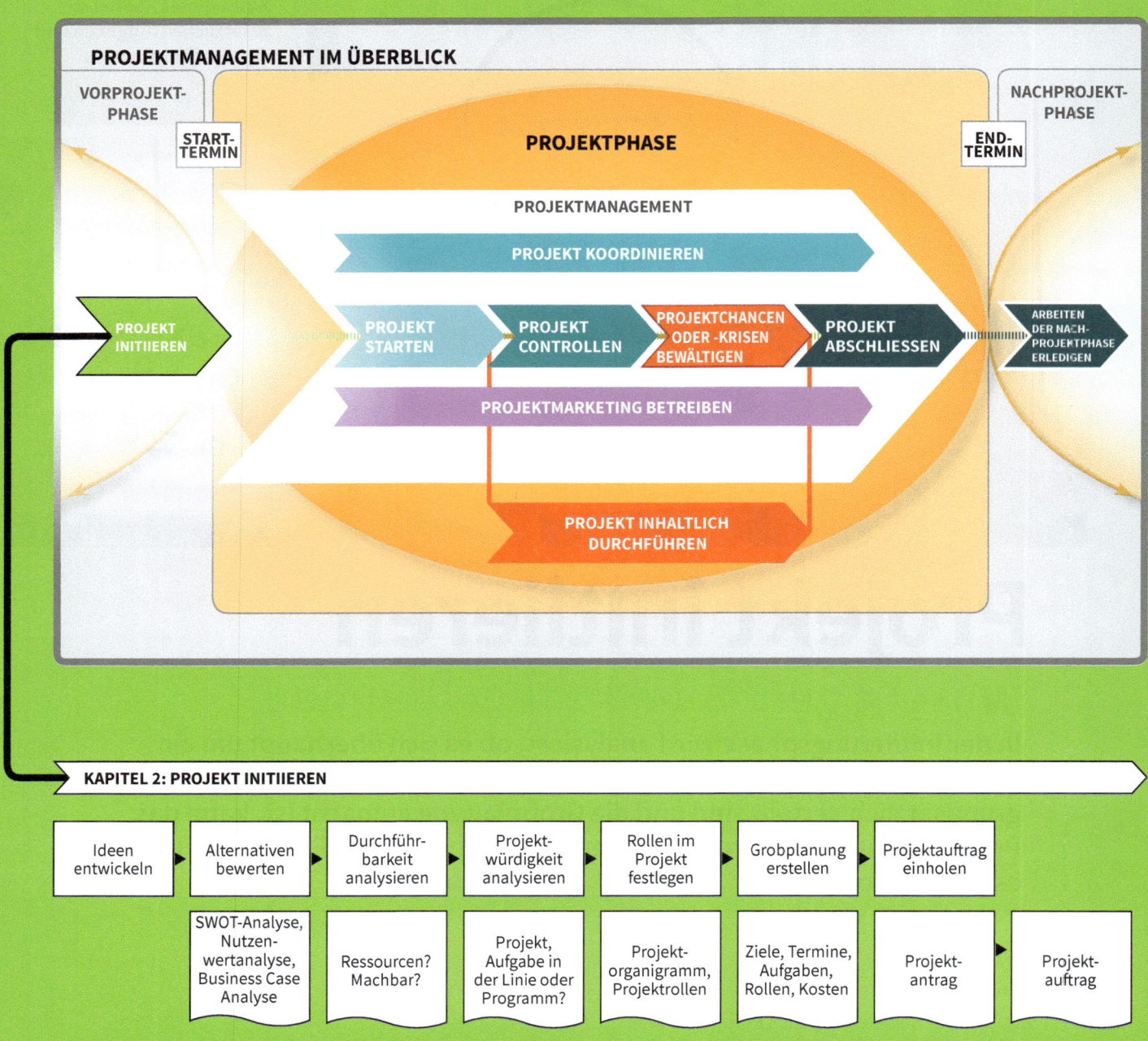

PROJEKTMANAGEMENT IM ÜBERBLICK

VORPROJEKT-PHASE

NACHPROJEKT-PHASE

START-TERMIN

END-TERMIN

PROJEKTPHASE

PROJEKTMANAGEMENT

PROJEKT KOORDINIEREN

PROJEKT INITIIEREN

PROJEKT STARTEN — PROJEKT CONTROLLEN — PROJEKTCHANCEN ODER -KRISEN BEWÄLTIGEN — PROJEKT ABSCHLIESSEN

ARBEITEN DER NACH-PROJEKTPHASE ERLEDIGEN

PROJEKTMARKETING BETREIBEN

PROJEKT INHALTLICH DURCHFÜHREN

KAPITEL 2: PROJEKT INITIIEREN

Ideen entwickeln	Alternativen bewerten	Durchführbarkeit analysieren	Projekt-würdigkeit analysieren	Rollen im Projekt festlegen	Grobplanung erstellen	Projektauftrag einholen
	SWOT-Analyse, Nutzenwertanalyse, Business Case Analyse	Ressourcen? Machbar?	Projekt, Aufgabe in der Linie oder Programm?	Projekt-organigramm, Projektrollen	Ziele, Termine, Aufgaben, Rollen, Kosten	Projekt-antrag	Projekt-auftrag

In der Initiierungsphase eines Projekts sind die in der Grafik ersichtlichen Schritte zu erledigen.

1 Ideen entwickeln

Auch wenn die Idee zu einem Projekt vorhanden ist, ist sie oft noch sehr unklar. Die ursprüngliche Idee kann von einem Projektteammitglied oder von anderen Personen innerhalb und außerhalb der Organisation stammen.

Gute Ideen kommen auch geübten kreativen oder gar genialen Menschen nicht so schnell. Meist beschäftigen sich diese Menschen sehr lange mit einem Problem, bis „plötzlich" die Lösung, die Idee gefunden ist. Diese Ideen sind das Ergebnis eines oft langen und mühsamen Prozesses der Ideenfindung.

 **LERNKARTE**

Ideenentwicklungsprozess: Eine gute Idee entsteht nicht aus dem Nichts heraus, Ideen müssen sich entwickeln.

Die Ideenentwicklung ist ein Prozess, der oft die folgenden Phasen durchläuft:

VORBEREITUNG ➤ BRUTZEIT ➤ ERLEUCHTUNG ➤ AUSARBEITUNG

VORBEREITUNG:
Wenn Umfeld, Zeit und Teilnehmerinnen/Teilnehmer passen, ist es an der Zeit, den Problemlösungsprozess vorzubereiten. Hier wird das Problem definiert bzw. die Aufgabe festgelegt.

BRUTZEIT:
In der „Brutzeit" werden Kreativitätstechniken eingesetzt. Diese stützen sich dabei auf die Fähigkeit, Verknüpfungen zu bereits Bekanntem zu erkennen, Ähnlichkeiten zu sehen und schließlich Zusammenhänge oder Ideen bildhaft darzustellen. Sie helfen, sich vom Problem loszulösen und darüber zu brüten („zu spinnen").

ERLEUCHTUNG:
Am Ende der „Brutzeit" wird eine spontane Lösungsidee gefunden (= „Erleuchtung").

AUSARBEITUNG:
Die gewonnenen Ideen werden bewertet, ausgewählt und konkret ausgearbeitet. Selbstverständlich muss das Ergebnis auch protokolliert werden. Die Bewertung kann mit Punkten erfolgen, es können aber auch Vor- und Nachteile gesammelt und dann entschieden werden.

Beispiel Winterfest:

Das Team hat beschlossen, die unterschiedlichen Möglichkeiten, ein Fest durchzuführen, mittels Mindmap zu finden. In einem zweiten Arbeitsschritt wird es sich dann für eine konkrete Durchführungsvariante entscheiden.

Tipps:

- **Vermeidet Killer-Phrasen** beim Ausbrüten und Ausarbeiten der Ideen, wie „Das haben wir doch schon versucht …", „Das geht nicht …", „Dafür ist die Zeit noch nicht reif …". Bewertet die Ideen erst später!

- Für die Kreativität ist entscheidend, dass **beide Gehirnhälften** (links = Logik, rechts = Fantasie) zusammenwirken. Daher ist die Beschäftigung mit Logik (z. B. Mathematik) und Fantasie (z. B. Musik) sehr gut für das Zusammenspiel beider Gehirnhälften. Das kann auch durch Tätigkeiten, die mit beiden Händen ausgeführt werden (z. B. Tastaturschreiben mit dem Zehnfingersystem, Jonglieren) oder gezielte Gymnastik gefördert werden. Im besten Fall arbeiten beide Gehirnhälften so gut zusammen, dass die Ideen um ein Vielfaches besser sind.

Ü 2.1 Kreativitätstechniken

Habt ihr schon eine Projektidee? Egal ob ja oder nein – verwendet eine Kreativitätstechnik, um eine Projektidee zu finden oder eine vorhandene Idee zu konkretisieren. Beschreibt eure Projektidee im Anschluss.

 ZUSATZINHALT
Weitere Hinweise zu kreativer Arbeit und Kreativitätstechniken findest du im E-Book.

 ZUSATZINHALT
Die Beschreibung der Kreativitätstechniken findest du im E-Book.

2 Alternativen bewerten

Gibt es für ein Projekt mehrere Durchführungsvarianten, empfiehlt es sich, diese im Team zu bewerten und dann eine Entscheidung zu treffen.

PM+ **1** ## Übersicht: Tools zur Bewertung von Durchführungsvarianten

Es ist hilfreich, wenn die Gruppenmitglieder bei der Bewertung von Analysen zielorientiert, logisch und analytisch denken. Die folgenden Tools können zur Bewertung herangezogen werden:

SWOT-ANALYSE	NUTZWERTANALYSE	BUSINESS CASE (GESCHÄFTSFALL) ANALYSE
Die Alternativen werden in zufälliger Reihenfolge hinsichtlich folgender Fragen analysiert: ■ Was sind die Stärken (**S**trengths)? ■ Was die Schwächen (**W**eaknesses)? ■ Was sind die Chancen (**O**pportunities)? ■ Was sind die Risiken bzw. Gefahren (**T**hreats)?	Die Nutzwertanalyse eignet sich vor allem dann, wenn die in Geldeinheiten messbaren Kriterien für die Wirtschaftlichkeitsrechnung fehlen oder nur schwer zu formulieren sind. Es werden **Nutzenkriterien** mithilfe eines einheitlichen Punktesystems bewertet. Die Kriterien werden nach ihrer Bedeutung gewichtet, die Summe der Gewichtung beträgt immer 100 %.	Es wird bewertet, welchen **Beitrag** die Idee zum **Unternehmenserfolg** leistet. Sie ist damit eine **Investitionsanalyse.** Sie beinhaltet die Beschreibung der Kosten und Nutzen der Investitionen sowie deren Bewertung, eventuell eine Investitions- oder Simulationsrechnung sowie eine Darstellung der finanziellen Kennzahlen.

PM+ **2** ## SWOT-Analyse

SWOT-Analysen werden in Unternehmen und anderen Organisationen zur Positionsbestimmung und Strategieentwicklung eingesetzt. Die Organisation macht sich ihre Stärken (Strengths) und Schwächen (Weaknesses) bewusst und analysiert die Chancen (Opportunities) und Risiken bzw. Gefahren (Threats), die das eigene Umfeld stellt. Daraus kann man ableiten, mit welchen Stärken man welche Chancen realisieren kann.

Ü 2.2 SWOT-Analyse

Erstellt für zumindest zwei Alternativen eurer Projektidee eine SWOT-Analyse.

M **ZUSATZINHALT**
Eine Vorlage für die SWOT-Analyse findest du im E-Book.

PM+ **3** # Nutzwertanalyse

Die **Nutzwertanalyse** umfasst mehr als eine reine Wirtschaftlichkeitsanalyse, da sie auch nichtmonetäre Bewertungsfaktoren verwenden kann. Pro Projektalternative wird so vorgegangen:

- Bewertungskritieren festlegen (z. B. Projektteilziele oder wichtiger Nutzen)
- Kriterien gewichten (z. B. mit einer Skala von 1 bis 10, Prozentsatz)
- Punkte pro Durchführungsvariante vergeben (z. B. 0–10) – Achtung: Die Punkte werden aufgrund subjektiven Werteempfindens vergeben!
- Punkte mit Gewichtung multiplizieren
- Summe für jede Projektalternative bilden
- Projektalternative mit dem höchsten Nutzwert auswählen (ausgenommen, ein Teilkriterium = 0, d. h., ein wichtiges Teilziel wird gar nicht erfüllt)

Beispiel Winterfest: Die Alternativen wurden der Mindmap (siehe Seite 18) entnommen. Wie unten ersichtlich wurde die Alternative C am besten bewertet.

VARIANTEN	KRITERIUM 1 80% DER BESUCHERINNEN/BESUCHER SIND SEHR ZUFRIEDEN ODER ZUFRIEDEN		KRITERIUM 2 MÜLL WIRD VERMIEDEN BZW. ZUMINDEST RICHTIG ENTSORGT		GESAMT
	GEWICHTUNG FAKTOR 7 (70%)		GEWICHTUNG FAKTOR 3 (30%)		GESAMT 100%
	PUNKTE (TEILNUTZEN)	ERGEBNIS (GEWICHTETER TEILNUTZEN)	PUNKTE (TEILNUTZEN)	ERGEBNIS (GEWICHTETER TEILNUTZEN)	ERGEBNIS (GEWICHTETER NUTZEN)
A – warmes Essen mit Plastikbechern, -tellern, -besteck	6	42	4	12	54
B – kaltes Essen mit Pappbechern, -tellern, -besteck	4	28	6	18	46
C – Buffet mit Mietgeschirr	8	56	9	27	**83**
D – kein Essen	2	14	10	30	44

Interpretation:

Kriterium 1 „80 % der Besucherinnen/Besucher sind sehr zufrieden oder zufrieden" wird entsprechend seiner Bedeutung mit 70 % gewichtet und für die Variante „A – warmes Essen mit Plastikbechern, -tellern, -besteck" mit 6 Punkten bewertet (= Teilnutzen). Das gibt als Produkt von Punkte x Gewichtung ein Ergebnis von 42 (= gewichteter Teilnutzen).

Kriterium 2 „Müll wird vermieden bzw. zumindest richtig entsorgt" wird mit 30 % gewichtet und für die Variante „A – warmes Essen mit Plastikbechern, -tellern, -besteck" mit 4 Punkten (= Teilnutzen) bewertet. Das gibt als Produkt von Punkte x Gewichtung (= gewichteter Teilnutzen) ein Ergebnis von 12. Für Variante A ergibt sich somit ein Gesamtergebnis von 54 (= gewichteter Nutzen).

Die Variante „C – Buffet mit Mietgeschirr" erzielt mit 83 den höchsten Nutzwert.

Ü 2.3 Nutzwertanalyse

Erstellt für zumindest zwei Alternativen eurer Projektidee eine Nutzwertanalyse mit zumindest zwei Kriterien.

 **ZUSATZINHALT**
Eine Vorlage für die Nutzwertanalyse findest du im E-Book.

PM+

4 Business Case Summary

Projekte werden durchgeführt, um den Geschäftserfolg eines Unternehmens, einer Organisation zu verbessern. Neben den unmittelbaren Projektkosten und -nutzen werden auch die Folgekosten und -nutzen erfasst und bewertet. Zur Bewertung einer Investition werden dabei verschiedene Verfahren der Investitionsrechnung angewendet. Die wirtschaftlichen Konsequenzen einer durch ein Projekt initiierten Investition oder Veränderung können als Business Case dargestellt werden. Das Ergebnis dieser Bewertung kann im „Business Case Summary-Formular" analysiert werden.

Ein Projekt stellt immer eine Investition dar. Es muss gegenüber der Geschäftsführung eines Unternehmens die Aussicht auf Gewinn, Folgekosten und -nutzen überzeugend begründet werden, damit das Projekt genehmigt wird (z. B. mit Wirtschaftlichkeitsrechnungen). Der nicht-materielle Nutzen (z. B. Image-gewinn, höhere Zufriedenheit der Mitarbeiter/innen) ist ebenfalls zu bewerten.

Beispiel Winterfest: Die finanziellen Werte werden wie folgt bewertet, wobei die Rechnung nur statisch durchgeführt wird. Das Team nimmt aufgrund der Szenarienberechnung an, dass ca. 80 % der Schülerinnen und Schüler kommen werden und die Kosten dann gedeckt sind, wobei auch Folgekosten und -nutzen (z. B. Fotos vom Fest) und der nicht materielle Nutzen miteinbezogen werden.

BUSINESS CASE SUMMARY	
Problemstellung	Die Kosten des Festes sollen durch Sponsoring und Eintrittspreise, die Folgekosten durch entsprechende Kostenbeiträge gedeckt werden und auch einen nicht-materiellen Nutzen aufweisen.
Ziel(e) der Investition	Die Differenz zwischen Einnahmen und Ausgaben soll Null betragen (Kostendeckung ist erreicht). Das Fest trägt dazu bei, dass Freundschaften entstehen und die Identifikation mit der Schule steigt.
Investitions-beschreibung	Am Fest nehmen mindestens 80 % der ca. 200 Schülerinnen/Schüler der Schule teil. Es gibt ein 1,5-stündiges Rahmenprogramm sowie ein Buffet und Getränke (mit Mietgeschirr). Die am Fest gemachten Fotos werden ausgedruckt und die dabei entstehenden Kosten durch den Verkauf gedeckt.
Prozess-Eigentümer	Anna Schuster (Projektleiterin)
Business Case-Ersteller	Lukas Hofer und Ayse Gündüz
Kosten-Nutzen-Darstellung	EUR 200,00 für das Buffet (zusätzlich notwendige EUR 600,00 sponsert voraus-sichtlich der Elternverein) EUR 500,00 für die Musikanlage EUR 100,00 für diverse Materialkosten EUR 800,00 Gesamtkosten Die Papierkosten von ca. EUR 50,00 sind im Schulbudget enthalten, Personalkosten müssen nicht zusätzlich bezahlt werden. Wenn jede Schülerin bzw. jeder Schüler (voraussichtliche Teilnehmeranzahl = 160) EUR 5,00 Eintritt bezahlt, sind die Kosten gedeckt. Da die Schülerinnen und Schüler die Fotos direkt am Fest bestellen und die dafür anfallenden Kosten sofort bezahlen, sind auch diese Kosten gedeckt und werden bei der Simulationsrechnung nicht mehr berücksichtigt. Bei der Gestaltung des Programms wird darauf geachtet, dass Freundschaften entstehen können und die Identifikation mit der Schule steigt.
Investitionsrechnungen	statisch (ohne Kalkulationszinssatz)
Simulationsrechnungen	Best Case: 100 % der Schülerinnen/Schüler nehmen teil: es ergibt sich ein Überschuss von EUR 200,00 über die Kosten, wenn jede bzw. jeder EUR 5,00 Eintritt bezahlt. Worst Case: gar keine Schüler/innen nehmen teil; das Projektteam muss die Kosten von ca. EUR 800,00 selbst übernehmen.

Ü 2.4 Business Case Summary

Erstellt für euer Projekt eine Business Case Summary, wenn die Bewertung in
Geldeinheiten möglich ist.

M ZUSATZINHALT
Eine Vorlage für die
Business Case
Summary findest du
im E-Book.

3 Durchführbarkeit analysieren

**Mit der Durchführbarkeitsanalyse wird festgestellt, ob genügend Ressourcen (Personal,
finanzielle Mittel, Zeit, Know-how) vorhanden sind, um das Projekt durchzuführen.
Dabei geht es um die Frage: Ist das Projekt überhaupt machbar?**

PM+

Es empfiehlt sich folgende Vorgangsweise: Die Bereiche werden anhand der
Frage der Durchführbarkeit analysiert und mit Punkten bewertet. Zusätzlich
können die Bereiche gewichtet und die vergebenen Punkte mit der
Gewichtung multipliziert werden. Die Summe der Produkte ergibt einen
Vergleichswert. Je höher dieser Vergleichswert ist, desto eher sollte/könnte
das Projekt durchgeführt werden. Dieses Beurteilungsverfahren nennt man
Punktwert- oder Scoringmethode, wobei die Zuordnung der Punkte wieder
durch die Bewerterinnen/Bewerter erfolgt und damit je nach Person bzw.
Gruppe unterschiedlich ausfallen kann.

Sind zu wenig eigene Ressourcen
vorhanden, ist außerdem zu überlegen, ob diese von außen beschafft
werden können und ob das aus
Kosten-Nutzen-Überlegungen
sinnvoll ist.

Leihpersonal als Lösung bei knappen Personalressourcen
Gibt es in einem Projekt Mangel an Personal, könnte Leihpersonal ein möglicher
Ausweg sein; gibt es finanzielle Probleme, kann ein Kredit helfen.

Beispiel Winterfest:

In unserem konkreten Fall könnte die Durchführbarkeitsanalyse folgendermaßen aussehen, wobei sich das Team die folgenden Fragen stellt und dann bewertet, ob das Projekt aus seiner Sicht machbar ist. Die Bewertung erfolgt mittels Punkten von 0–10, gewichtet wird mit einer Punktesumme aus 100.

BEREICH	FRAGE	ERGEBNIS	BEWERTUNG	GEWICHT	PRODUKT
Personal-ressourcen	Gibt es genügend Personen innerhalb und außerhalb der Schule, die an dem Projekt mitarbeiten können?	Es gibt das Projektteam, genügend Projektmitarbeiter/innen und einen Projektcoach.	10	15	150
finanzielle Ressourcen	Können die erforderlichen Geldmittel aufgebracht werden?	Das Schulbudget kann damit nicht belastet werden. Der Elternverein könnte einen Zuschuss gewähren. Es müssen Sponsoren gesucht oder Eintritt verlangt werden.	3	40	120
zeitliche Ressourcen	Ist das geplante Projektende zeitlich realistisch erreichbar?	Es besteht zwar wegen des Semesterendes Zeitdruck, das Projekt ist aber in der vorhergesehenen Zeit machbar.	8	15	120
Know-how	Gibt es in der Schule das notwendige Know-how, um das Projekt umzusetzen?	Ja, es können Vorerfahrungen einbezogen werden, ein Projektcoach unterstützt beim Projektmanagement.	7	15	105
Wirtschaft-lichkeit	Rechtfertigt der Nutzen den zeit- und kostenmäßigen Aufwand?	Großer Nutzen: Freundschaften zwischen den Schülerinnen/Schülern, Identifikation mit der Schule, Kosten gedeckt	10	15	150
Gesamtwert					**545**

Das Team kommt zu dem Ergebnis, dass das Fest durchführbar ist. Der maximale Wert wäre hier 1000 Punkte. Das Projekt wird hier mit 545 Punkten bewertet. Dies ist vor allem auf den schlechten Wert bei der Finanzierung zurückzuführen.

Ü 2.5 Durchführbarkeitsanalyse

Erstellt für euer Projekt eine Durchführbarkeitsanalyse. Sollte sich herausstellen, dass das Projekt nicht durchführbar ist, beginnt wieder bei **Ü 2.1** und sucht nach einer neuen Projektidee.

ZUSATZINHALT
Eine Vorlage für die Durchführbarkeitsanalyse findest du im E-Book.

4 Projektwürdigkeit analysieren

Die Projektwürdigkeitsanalyse ist eine Entscheidungshilfe, um festzustellen, ob die Aufgabe als Projekt und nicht als Routineaufgabe durchgeführt werden soll.

Die Projektwürdigkeitsanalyse umfasst üblicherweise:

- **5 Kriterien:** komplex, neuartig, riskant, strategisch bedeutsam und ziel-determiniert
- **3 Einstufungen:** hoch, mittel und niedrig
- **1 Begründung** für jede Einstufung

Eine Organisation kann zusätzliche Kriterien in die Bewertung einfließen lassen, wenn sie einen hohen Stellenwert haben, z. B. die gebundenen Personalressourcen. Beachte bei der Erstellung der Analyse die Erläuterung der Kriterien:

KRITERIUM (MERKMAL)	ERKLÄRUNG
komplex	Eine Aufgabenstellung ist komplex, wenn die folgenden Punkte überwiegend vorliegen: • Die Aufgabenstellung ist vielschichtig. • Um zu einer guten Lösung zu kommen, muss im Team gearbeitet werden, weil z. B. Fachleute aus verschiedenen Bereichen erforderlich sind. • Es gibt verschiedene Lösungswege und -methoden. • Es gibt mehrere „richtige" Lösungen. • Das Projekt hat einen größeren Umfang, höheren Ressourcenbedarf und/oder weist eine Dauer von 6 Monaten bis zu 2 Jahren auf.
neuartig	Diese Aufgabe oder wesentliche Teile davon wurden noch nicht (in dieser Organisation bzw. von diesen Personen) durchgeführt.
riskant	Das Projekt kann scheitern, das Scheitern des Projekts hat negative Folgen.
strategisch bedeutsam	Die Durchführung des Projekts ist für das Unternehmen längerfristig (z. B. für die nächsten drei bis fünf Jahre) wichtig.
zieldeterminiert	Leistung, Zeit- und Mitteleinsatz werden bereits bei der Planung des Projekts festgelegt und die Einhaltung der festgelegten Ziele wird laufend überwacht.

Vorgangsweise:

Die zutreffende Ausprägung wird angekreuzt. Eine Begründung ist unbedingt anzuführen, weil damit die Nachvollziehbarkeit der Einstufung ermöglicht wird. Bei der Einstufung „mittel" ist zu begründen, weshalb die Bewertung nicht „hoch" und weshalb sie nicht „niedrig" lautet. Eine Projektwürdigkeitsanalyse sollte immer im Team gemacht werden.

Hat man mithilfe der Projektwürdigkeitsanalyse festgestellt, dass es sich bei der Aufgabe um ein Projekt handelt, beginnt man, alle Planungen so weit vorzunehmen, dass der Projektantrag gestellt werden kann.

Beispiel Winterfest:

Das Team bewertet, ob es sich bei der Aufgabe Fest um ein Projekt handelt:

MERKMAL	HOCH	MITTEL	NIEDRIG	BEGRÜNDUNG
komplex	x			Die Aufgabe betrifft die ganze Schule und ist vielschichtig. Es gibt verschiedene richtige Lösungen. Es gibt verschiedene Lösungswege und -methoden, die im Team erarbeitet werden. Das Projekt verschlingt umfangreiche Ressourcen, dauert aber weniger als ein halbes Jahr.
neuartig		x		Ein Schulfest hat schon zweimal stattgefunden, aber das Team bringt neue Ideen ein.
riskant		x		Die Schule kann weiterhin bestehen, aber es entsteht für sie ein Imageverlust, wenn das Fest nicht durchgeführt werden kann.
ziel-determiniert	x			Kosten, Leistung, Termine sind zu planen.
strategisch bedeutsam		x		Das Schulfest ist ein wesentlicher Beitrag zum Schulklima, zur Identifikation der Schülerinnen/Schüler mit der Schule.

Aufgrund der Projektwürdigkeitsanalyse kommt das Projektteam zum Schluss, dass es sich bei dem Fest um ein Projekt handelt.

Ü 2.6 Projektwürdigkeitsanalyse

Erstellt für eure Projektidee eine Projektwürdigkeitsanalyse. Sollte sich herausstellen, dass es sich hier nicht um ein Projekt handelt, beginnt wieder bei **Ü 2.1** und sucht nach einer neuen Projektidee.

ZUSATZINHALT
Eine Vorlage für die Projektwürdigkeitsanalyse findest du im E-Book.

5 Rollen im Projekt festlegen

Rollen beinhalten neben der reinen Funktion, das ist ein abgegrenzter Aufgaben- und Verantwortungsbereich innerhalb einer Organisationsstruktur, auch die Verhaltensseite. Daher sind Rollen im Projekt auch definiert durch die Erwartungen, die gegenüber den Rolleninhaberinnen/Rolleninhabern bestehen.

M LERNKARTE

Rollen im Projekt: In Projekten ist es notwendig, folgende Rollen zu besetzen, damit alle Erwartungen, die man an Personen im Projekt hat, erfüllt werden können:

	ROLLE IM PROJEKT	ERWARTUNGEN AN DIE ROLLE
Die Rollenverteilung wird im **Projektorganigramm** dargestellt. 	Projektauftraggeberin/ Projektauftraggeber (PAG)	erteilt den Projektauftrag
	Projektleiterin/ Projektleiter (PL) bzw. Projektmanagerin/ Projektmanager (PM)	leitet und koordiniert das Projekt, ist Ansprechpartnerin/ Ansprechpartner für die Projektauftraggeberin/den Projektauftraggeber
	Projektteammitglied (PTM)	• erfüllt die vereinbarten Arbeitspakete • PL und PTM tragen gemeinsam die Gesamtverantwortung für das Gelingen des Projekts.
	Projektmitarbeiterin/ Projektmitarbeiter (PMA)	arbeitet nur zur Erledigung einer ihr/ihm zugeteilten Aufgabe am Projekt mit, trägt nur für die eigene Teilleistung Verantwortung
	Projektcoach (PC)	moderiert die PM-Prozesse und unterstützt das Team

Neben diesen Individualrollen kann es noch **Gruppenrollen** geben, z. B. Projektauftraggeberteam, Projektkernteam, Projektsubteam. Hier werden die Rollen nicht von Einzelpersonen, sondern von einer Gruppe von Personen wahrgenommen.

Rollen zuweisen
In der Praxis werden Projektrollen oft von Vorgesetzten zugewiesen.

Beispiel Winterfest:

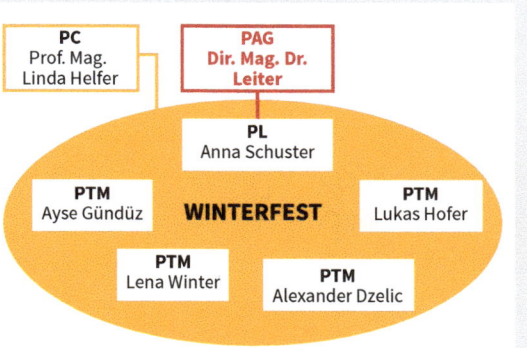

Das Team wählt Anna zur Projektleiterin. Damit ist sie die Ansprechperson für die Projektauftraggeberin, die Direktorin. Diese wird sich immer dann an Anna wenden, wenn es etwas zu besprechen oder klären gibt, oder wenn sie einfach wissen möchte, wie es um das Projekt steht. Anna führt als Projektleiterin auch ihr Team. Sie koordiniert dessen Aufgaben. Dabei kommen ihr ihre Teamfähigkeit und ihre Fähigkeit, ein Team zu leiten, sehr zugute. Sie kann auch Konflikte lösen. Das hat sie bereits mehrmals unter Beweis gestellt.

Gemeinsam mit ihren Projektteammitgliedern trägt sie die Verantwortung für das Gelingen des Projekts. Alle nehmen sich daher vor, die noch zu vereinbarenden Arbeitspakete nach bestem Wissen und Gewissen zu erledigen. Das Team freut sich, dass eine Professorin als Coach bereitsteht. Mit ihr haben sie eine Expertin, die viel Erfahrung mit Projekten und Marketing hat, als Unterstützung gewonnen.

Ü 2.7 Rollen

Bearbeite die folgenden Aufgaben für eure Projektidee.

a) Analysiere den folgenden Auszug aus der Stellenbeschreibung einer Projektmanagerin/eines Projektmanagers. Halte für dich fest, welche Anforderungen daraus du schon erfüllst und welche Kenntnisse und Fähigkeiten du noch erwerben möchtest.

AUSZUG STELLENINSERAT PROJEKTMANAGERIN/PROJEKTMANAGER	
fachliche Kompetenzen	Die Projektmanagerin/Der Projektmanager verfügt über eine mindestens 3-jährige Berufserfahrung in der Branche. Sie/Er weist fachliche Kompetenz im Projektmanagement, Zeitmanagement, Kreativitätstechniken, Moderationstechniken, Kommunikations- und Präsentationstechniken, Konfliktmanagement, MS Visio und MS Project sowie in Managementtechniken nach.
persönliche Kompetenzen	Offenheit, Kommunikationsfähigkeit und schriftliche Ausdrucksfähigkeit, analytische Fähigkeiten, Organisationstalent
soziale Kompetenzen	Fähigkeit zur Teamarbeit, Konfliktlösungskompetenz, Fähigkeit, zu motivieren

b) Erstelle nun ein persönliches Profil mit Foto, Stärken, besonderen Fähigkeiten, privaten Interessenschwerpunkten und persönlichen Wichtigkeiten und präsentiere dich kurz. Gib dabei auch an, welche Rolle du im Projektteam übernehmen möchtest.

c) Legt gemeinsam die Rollen im Projektteam fest und zeichnet die erste Variante eines Projektorganigramms.

d) Zeichnet ein Plakat und schreibt auf Kärtchen eure Erwartungen an die einzelnen Rolleninhaber bzw. Rolleninhaberinnen. Diskutiert im Anschluss die Ergebnisse.

 **ZUSATZINHALT**
Ein Muster für das Plakat findest du im E-Book.

6 Grobplanung erstellen

Die Projektidee steht fest. Nun geht es darum, das Projekt grob zu planen. Diese Grobplanung dient in Folge als Basis für die Projektbeauftragung.

Die Grobplanung besteht aus:

PROJEKTNAME UND PROJEKTNUMMER	sprechender Projektname zur einfacheren Kommunikation und emotionalen Identifikation des Teams
ZIELE	Zustand, der am Projektende vorliegen soll
TERMINE	Projektstarttermin und -ereignis sowie Projektendtermin und -ereignis
HAUPTAUFGABEN	Leistungsumfang, der notwendig ist, um die Ziele zu erreichen
ROLLEN	Projektorganisation mit wesentlichen Rollen wie Projektauftraggeberin/-auftraggeber, Projektleiterin/-leiter und Projektteam
KOSTEN	grobe Schätzung anhand der Hauptaufgaben

Die Grobplanung kann auch die Ausgangssituation bzw. die Problemstellung als Auslöser für das Projekt beinhalten, um den Hintergrund für die Projektentstehung zu erklären. Vorteilhaft ist es auch, vorab kritische Erfolgsfaktoren festzulegen. Das sind jene Faktoren, die das Projekt zum Scheitern bringen können.

Beispiel Winterfest: Nachdem sich das Team nach einer intensiven Brainstormingphase auf den Projektnamen „Winter-Break-Party" geeinigt hat, werden die bereits vorliegenden Informationen in der Grobplanung zusammengefasst und mit den noch offenen Punkten ergänzt:

GROBPLANUNG PROJEKT 1234 „WINTER-BREAK-PARTY"	
Ziele	gelungene Winter-Break-Party mit einer Beteiligung von mindestens 80 % der Schülerinnen und Schüler der Schule
Termine	Projektstarttermin und -ereignis: Startworkshop Anfang Oktober 20.. Projektendtermin und -ereignis: Übergabe Abschlussbericht und Abrechnung Mitte Jänner 20..
Hauptaufgaben	Winter-Break-Party planen, vorbereiten, durchführen, aufräumen und abrechnen
Rollen	Projektauftraggeberin: Direktorin Dr. Leiter Projektleiterin: Anna Schuster Projektteam: Alexander Dzelic, Ayse Gündüz, Lukas Hofer, Lena Winter Projektcoach: Prof. Helfer
Kosten (ausgabewirksam)	EUR 200,00 für das Buffet (zusätzlich notwendige EUR 600,00 sponsert voraussichtlich der Elternverein) EUR 500,00 für die Musikanlage EUR 100,00 für diverse Materialkosten **EUR 800,00 Gesamtkosten** Die Papierkosten von ca. 50,00 EUR sind im Schulbudget enthalten, Personalkosten müssen nicht zusätzlich bezahlt werden.

Ü 2.8 Grobplanung Projekt

Erstellt im Team die Grobplanung für euer Projekt.

ZUSATZINHALT
Eine Vorlage für die Grobplanung findest du im E-Book.

7 Projektantrag stellen – Projektauftrag einholen

Der Projektantrag ist mit einem Angebot vergleichbar. Er umreißt das Projekt häufig nur in groben Zügen und kann formlos gestellt werden. Der Projektauftrag entspricht einem Vertrag. Darin wird die übereinstimmende Willenserklärung zum Inhalt des Projekts laut Kurzbeschreibung bekundet.

Bevor man mit umfangreichen Planungen beginnt, erkundet man, sofern das möglich ist, ob sich für das Projekt jemand findet, der es in Auftrag gibt und damit auch in der Stammorganisation die strategische Verantwortung übernimmt. Man stellt an die Projektauftraggeberin bzw. den Projektauftraggeber einen **Projektantrag.**

 **LERNKARTE**

Projektantrag – Projektauftrag: Der Projektantrag und der Projektauftrag hängen unmittelbar zusammen, unterscheiden sich aber in wichtigen Punkten:

PROJEKTANTRAG	PROJEKTAUFTRAG
Der Projektantrag ist mit einem Angebot vergleichbar. Er umreißt das in Aussicht genommene Projekt häufig nur in groben Zügen und kann formlos gestellt werden.	Der Projektauftrag entspricht einem Vertrag. Darin wird die übereinstimmende Willenserklärung über die im Projektauftrag genannten Inhalte laut Kurzbeschreibung bekundet. Der Projektauftrag dient <ul><li>als formales Instrument zum Start eines Projekts,</li><li>der Beauftragung des Projektteams durch die Projektauftraggeberin/den Projektauftraggeber,</li><li>der Zielvereinbarung,</li><li>der Identifikation von Projektauftraggeberin/-auftraggeber und Projektleiterin/-leiter sowie</li><li>der Nachvollziehbarkeit.</li></ul>

Da die Projektauftraggeberin/der Projektauftraggeber für die erforderlichen Mittel zur Realisierung des Projekts sorgen muss, werden meist die wichtigsten Punkte des geplanten Projekts schriftlich festgehalten. Dieses Formular kann auch verwendet werden, um einen Projektantrag zu stellen. Projektauftrag und Projektantrag sehen dann formal zwar gleich aus, unterscheiden sich aber sowohl in der Genauigkeit als auch in der Verbindlichkeit voneinander.

Wenn ein Projektantrag gestellt wird, hat man zwar auch schon Vorstellungen vom Projekt, den Zielen, die durch das Projekt verfolgt werden, und den Kosten, die anfallen werden. Allerdings handelt es sich hier meist um eine grobe Einschätzung laut Grobplanung. Man will ja nicht zu viel Zeit investieren, wenn man nicht einmal weiß, ob das Projekt erwünscht ist. Andererseits muss man eine gewisse Vorleistung erbringen, damit man das Projekt so beschreiben kann, dass die potentielle Auftraggeberin/der potentielle Auftraggeber am Projekt interessiert ist und das Verhältnis zwischen Kosten und Nutzen einschätzen kann.

Am besten erfolgt die Erstellung des **Projektauftrags** im Team mithilfe eines standardisierten Formulars. Je nach Projektart wird das Formular ein wenig anders aussehen. So sind z. B. bei einem Projekt mit externer Auftraggeberin/externem Auftraggeber die genaue Angabe der Kundendaten und der Preis sehr wichtig, während bei einem Projekt mit interner Auftraggeberin/internem Auftraggeber die Bezeichnung der Auftraggeberin/des Auftraggebers und die Kostenplanung meist genügen. Nach geleisteter Unterschrift sind Abweichungen nur mit Zustimmung der Vertragspartner zulässig.

Beispiel Winterfest: Die Gespräche mit allen Beteiligten und Interessierten verlaufen positiv und das Team beschließt, die Direktorin als Projektauftraggeberin zu gewinnen. Rasch ist ein Termin mit ihr vereinbart, bei dem der Projektantrag, der aufgrund der Grobplanung erstellt wurde, gestellt wird. Das Gespräch verläuft positiv. Die Direktorin macht das Team auf bestehende schulrechtliche Vorschriften aufmerksam und besteht auf einer ausführlichen Dokumentation, z. B. einem Protokoll über das Gesprächsergebnis.

Das Team sagt zu, die genauere Planung rasch vorzunehmen und für den nächsten Termin in zwei Wochen den unterschriftsreifen Projektauftrag vorzubereiten.

Im folgenden Projektauftrag sind bereits die Ergebnisse der genaueren Planung im Folgekapitel enthalten:

PROJEKTNAME: WINTER-BREAK-PARTY 20.. PROJEKTAUFTRAG			
Projektstartereignis:	Start-Workshop	Projektstarttermin:	01. 10. 20..
Projektendereignis:	Übergabe Abschlussbericht u. Abrechnung	Projektendtermin:	15. 01. 20..

Hauptziele

Gelungene Winter-Break-Party mit einer Beteiligung von mindestens 80 % der Schülerinnen und Schüler der Schule am 20.12.20.. mit folgenden Spezifika ist durchgeführt:
- Programm für mindestens 1,5 Stunden
- Karaoke-Show mit mindestens 10 Teilnehmerinnen/ Teilnehmern
- mindestens 3 Sport-/Scherzbewerbe
- Tombola mit mehr als 150 Preisen
- Musik/Band für die gesamte Party
- Buffet: Getränke und Essen (süß und pikant)
- gesicherte Finanzierung durch Sponsoring, Ticketverkauf und Tombola
- Sauberkeit nach der Veranstaltung
- Abrechnung

Nicht-Ziele
- reine Tanzveranstaltung
- reines Sportfest
- Bericht in Schülerzeitung, Jahresbericht
- Fotogalerie für Schul-Website

> Nach pma wird zusätzlich das **inhaltliche Projektendereignis** (Übergabe Abschlussbericht und Abrechnung) von dem **formalen Projektendereignis** (Projekt vom Projektauftraggeber abgenommen) im Projektauftrag unterschieden.

Zusatzziele
- Schülerinnen/Schüler haben Spaß gehabt
- Schülerinnen/Schüler haben sich (besser) kennengelernt
- Projektmanagement-Erfahrung durch den Einsatz von PM-Tools gesammelt

Hauptaufgaben
- Möglichkeiten ausloten
- Inhalt und Form festlegen
- Konzept erstellen
- Fest inhaltlich vorbereiten
- Fest technisch vorbereiten
- Fest durchführen
- Aufräumen

> Die fiktiven Personalkosten werden in diesem Beispiel geschätzt, indem 380 Stunden mit EUR 7,00 Stundensatz multipliziert werden.

Projektkosten:	EUR 3.510,00	
davon insgesamt ausgabewirksam:	EUR 800,00	Buffet, Musikanlage, Materialkosten
für die Schule ausgabewirksam:	EUR 50,00	Papierkosten
nicht ausgabewirksam:	EUR 2.660,00	Fiktive Personalkosten
Projektkernteammitglieder:	Alexander Dzelic, Ayse Gündüz, Lukas Hofer, Lena Winter	
Projektcoach:	Prof. Mag. Linda Helfer	
Datum:	05.10.20..	
Unterschrift:	*Anna Schuster*	*Dir. Mag. Dr. Susanne Leiter*
	Anna Schuster, Projektleiterin	Dir. Mag. Dr. Susanne Leiter, Projektauftraggeberin
Version: 1.0	Datum: 05.10.20..	Erstellerin: Anna	Seite 1 von 1

Ü 2.9 Projektantrag

Bereitet im Team aufgrund eurer Grobplanung einen Projektantrag vor. Beachtet bei eurer Planung, dass der Projektauftrag mit der folgenden Planung abgestimmt wird und daher wahrscheinlich noch mehrmals überarbeitet werden muss, bis er unterschriftsreif ist. Überlegt gut, wer als Projektauftraggeber bzw. Projektauftraggeberin fungieren könnte und führt entsprechende Vorgespräche mit den betroffenen Personen.

ZUSATZINHALT
Eine Vorlage für den Projektauftrag findest du im E-Book.

Können

K 2.1 Aufgaben in Fallbeispielen

Für die Projektideen aus den Fallbeispielen A bis C **(K 1.1–K 1.3)** sind folgende Aufgaben zu erledigen:

- mindestens zwei Durchführungsvarianten mit einer Kreativitätstechnik entwickeln
- die Durchführungsvarianten mit der SWOT-Analyse, Nutzwertanalyse und/oder Business Case Analyse bewerten
- eine Durchführbarkeitsanalyse erstellen
- Projektwürdigkeitsanalyse gestalten
- Rollen im Projekt festlegen und das Projektorganigramm darstellen
- Grobplanung erstellen
- erste Variante eines Projektantrags entwickeln

WEITERE AUFGABEN ZU DIESEM KAPITEL IM E-BOOK.

Ⓜ ZUSATZINHALT
Im E-Book findest du einen Multiple-Choice-Test, der sich an den Zertifizierungs-anforderungen orientiert, sowie Aufgaben mit automatischer Kontrolle.

Ⓜ AUFGABEN
K 2.2 – K 2.3

Kompetenzcheck

KOMPETENZEN KAPITEL 2	KANN ICH	LEHRSTOFF	WENN ICH NOCH ÜBEN MUSS …
Ich kann Projektideen entwickeln.		Lerneinheit 1	Ü 2.1, K 2.1
Ich kann Kreativitätstechniken anwenden.		Lerneinheit 1	Ü 2.2, K 2.1
Ich kann Alternativen bewerten (mit der SWOT-Analyse, der Nutzwertanalyse und/oder der Business Case Analyse).		Lerneinheit 2, **PM+** Lernschritte 1–4	Ü 2.2, Ü 2.3, Ü 2.4, K 2.1
Ich kann eine Durchführbarkeitsanalyse erstellen.		**PM+** Lerneinheit 3	Ü 2.5, K 2.1
Ich kann die Projektwürdigkeit beurteilen.		Lerneinheit 4	Ü 2.6, K 2.1
Ich kann die Rollen im Projekt beschreiben und festlegen.		Lerneinheit 5	Ü 2.7, K 2.1
Ich kann eine Grobplanung für das Projekt erstellen.		Lerneinheit 6	Ü 2.8, K 2.1
Ich kann erklären, wie ein Projektauftrag eingeholt wird.		Lerneinheit 7	K 2.1
Ich kann eine erste Variante eines Projektauftrags erstellen.		Lerneinheit 7	Ü 2.9, K 2.1

3

Projekt starten

Worum geht's in diesem Kapitel?

Im Start- oder auch Planungsprozess wird das Projekt gedanklich vorweggenommen. Das erspart viel Ärger, der sonst aufgrund unterschiedlicher Auffassungen der beteiligten Personen unvermeidlich wäre. Das Ergebnis dieses Prozesses wird im Projekthandbuch-Teil „Projektpläne" als Teil der Prozessdokumentation festgehalten.

AUFGABE

Was schief gehen kann …

- Erstelle eine Liste mit Gründen, warum die Direktorin die Schulparty nicht zulassen könnte.
- Begründe, welche Fehler das Projektteam bei der Planung des Winterfests machen kann.

In diesem Kapitel lernst du:

- **wie du den Projektstart (d. h. die Projektplanung) organisierst**
- **die Projektabgrenzung und -kontextanalyse durchführst**
- **wie du die zu erstellenden Leistungen, Termine, Ressourcen, Kosten planst, die Projektkultur entwickelst, die Projektrisiken analysierst und die Dokumentation lenkst**

Projekt starten

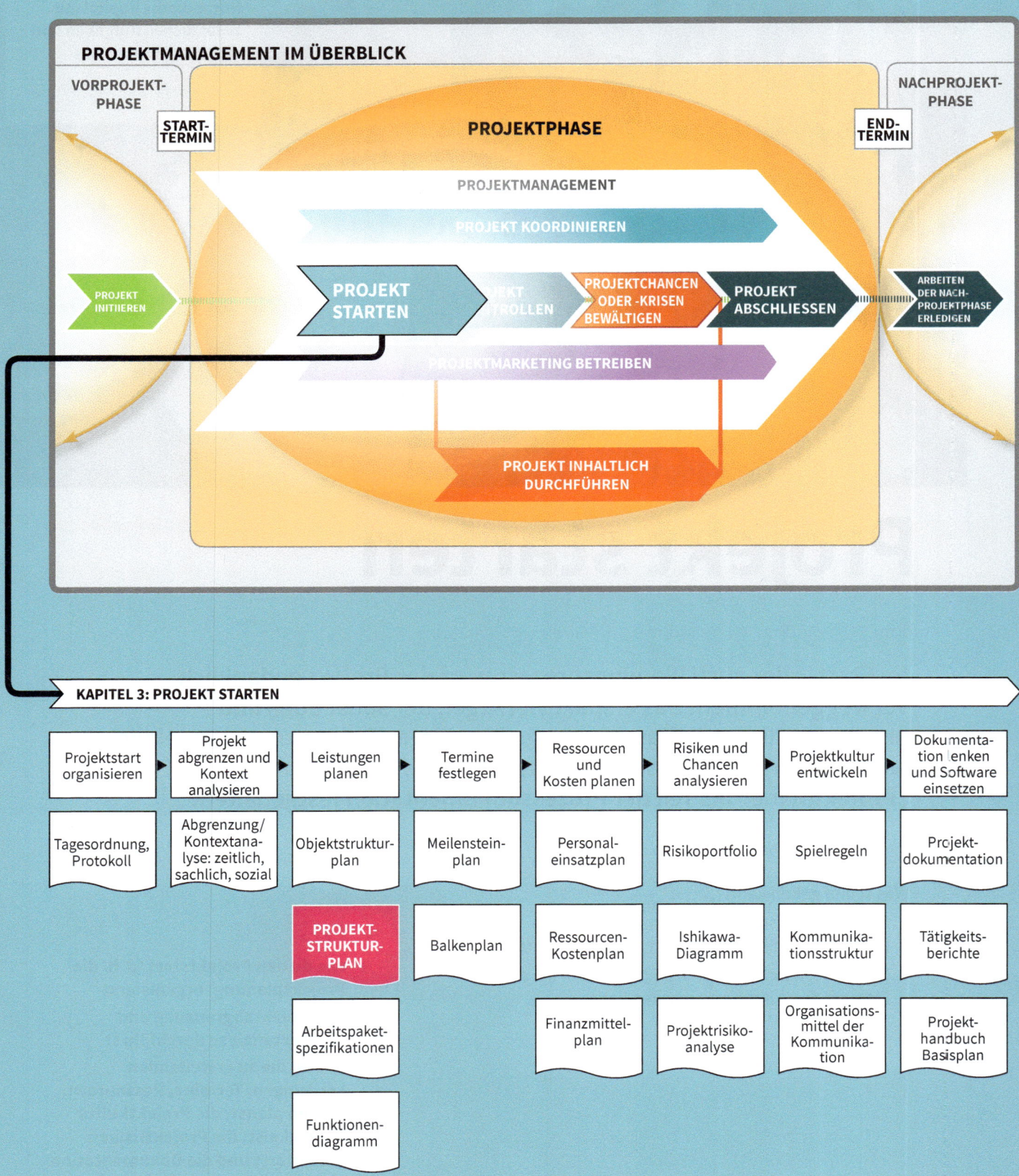

PROJEKTMANAGEMENT IM ÜBERBLICK

VORPROJEKT-PHASE

START-TERMIN

NACHPROJEKT-PHASE

END-TERMIN

PROJEKTPHASE

PROJEKTMANAGEMENT

PROJEKT KOORDINIEREN

PROJEKT INITIIEREN

PROJEKT STARTEN

PROJEKT KONTROLLEN

PROJEKTCHANCEN ODER -KRISEN BEWÄLTIGEN

PROJEKT ABSCHLIESSEN

ARBEITEN DER NACH-PROJEKTPHASE ERLEDIGEN

PROJEKTMARKETING BETREIBEN

PROJEKT INHALTLICH DURCHFÜHREN

KAPITEL 3: PROJEKT STARTEN

Projektstart organisieren	Projekt abgrenzen und Kontext analysieren	Leistungen planen	Termine festlegen	Ressourcen und Kosten planen	Risiken und Chancen analysieren	Projektkultur entwickeln	Dokumentation lenken und Software einsetzen
Tagesordnung, Protokoll	Abgrenzung/ Kontextana- lyse: zeitlich, sachlich, sozial	Objektstruktur- plan	Meilenstein- plan	Personal- einsatzplan	Risikoportfolio	Spielregeln	Projekt- dokumentation
		PROJEKT- STRUKTUR- PLAN	Balkenplan	Ressourcen- Kostenplan	Ishikawa- Diagramm	Kommunika- tionsstruktur	Tätigkeits- berichte
		Arbeitspaket- spezifikationen		Finanzmittel- plan	Projektrisiko- analyse	Organisations- mittel der Kommunika- tion	Projekt- handbuch Basisplan
		Funktionen- diagramm					

Der Startprozess ist ein wesentlicher Teil des gesamten Projektmanagement-Prozesses. Er umfasst die hervorgehobenen Bestandteile.

1 Projektstart organisieren

Es ist Aufgabe der Projektleiterin/des Projektleiters, für den Projektstartprozess eine geeignete organisatorische Form zu finden.

Die organisatorische Form des Projektstartprozesses hängt von der Komplexität des Projekts, der Projektart, der Branche und dem Umfeld ab. Der Projektstartprozess muss effizient organisiert werden.

 **LERNKARTE**

Wahl der organisatorischen Form des Projektstarts: Je nach Komplexität des Projekts können im Projektstartprozess die Kommunikationsformen Einzelgespräche, Kick-off-Meeting und Projektstart-Workshop kombiniert werden.

KOMMUNIKATIONS-FORM	TEILNEHMERIN/ TEILNEHMER	INHALT, MERKMALE
Einzelgespräche	• Projektleiterin/ Projektleiter • ein Projektteammitglied	• Austausch von Informationen über das Projekt und wechselseitige Erwartungen hinsichtlich der Zusammenarbeit • Einzelgespräche bilden eine gute Basis für die Teilnahme an Kick-off-Meeting und/oder Projektstart-Workshop.
Kick-off-Meeting	• Projektauftraggeberin/ Projektauftraggeber • Projektmanagerin/ Projektmanager • Projektteam	• Information über das Projekt • überwiegend „Einwegkommunikation" • Dauer: 2–3 Stunden
Projektstart-Workshop	• Projektauftraggeberin/ Projektauftraggeber • Projektmanagerin/ Projektmanager • Projektteam • evtl. auch relevante Stakeholder	• Es wird gemeinsam im Projektteam eine möglichst vollständige und detaillierte Projektplanung erarbeitet und beschlossen, das „Big Project Picture" entwickelt. • Durch die Interaktionen der Teammitglieder im Start-Workshop wird ein wesentlicher Beitrag zur Projektkulturentwicklung geleistet. • Dauer: meist 1–3 Tage • findet in moderierter Form meist außerhalb des täglichen Arbeitsplatzes statt • bei größeren Projekten erforderlich

Beispiel Winterfest:

Für das Projekt „Winter-Break-Party" können die Kommunikationsformen so genutzt werden:

KOMMUNIKATIONSFORM	BEISPIEL WINTER-BREAK-PARTY
Einzelgespräch	Anna spricht mit Lukas über ein spezielles Arbeitspaket.
Kick-off-Meeting	Die Direktorin informiert Anna und das Team über ihre Vorstellungen vom Projekt.
Projektstart-Workshop	Anna und das Projektteam planen das Projekt mithilfe der entsprechenden Analysen und Tools. Eventuell könnte auch Frau Dir. Leiter zumindest teilweise mitwirken. Die Moderation unterstützen könnte Projektcoach Frau Prof. Helfer. Als relevante Stakeholder könnten Vertreterinnen und Vertreter von Schülerinnen/Schülern und Lehrerinnen/Lehrern teilnehmen.

Ergebnis des Prozesses „Projektstart organisieren" ist ein organisierter Start-Event, der sich meist in folgenden Dokumenten nachvollziehen lässt:

- Einladungen
- Tagesordnung
- Protokolle
- falls erforderlich Verträge (zum Nachweis getroffener Vereinbarungen, z. B. für die Miete einer Örtlichkeit, Engagement einer Moderatorin/eines Moderators …)

Es empfiehlt sich folgende **Vorgangsweise** zur Gestaltung des Projektstartprozesses:

- Durchführung einer **Situationsanalyse:** Es wird die Komplexität des Projekts und des Projektkontexts festgestellt.
- Auswahl der **Projektmanagementmethoden** (Werkzeuge wie z. B. Kostenplan, Risikoanalyse, Spielregeln)
- Entwicklung der erforderlichen **Prozessschritte**
- Entwicklung von **Einladungen, Tagesordnung** und **Detaildesigns** der Start-Veranstaltung(en)

ZUSATZINHALT
Nähere Informationen zur Situationsanalyse findest du im E-Book.

Die optimale Organisation des Startprozesses legt einen wichtigen Grundstein für das Gelingen des Projekts.

Erarbeiten von Vorschlägen

Verwendet für das gemeinsame Erarbeiten von Vorschlägen, Konzepten etc. Flip-Chart-Papier und Plakatschreiber. So könnt ihr alles gut verfolgen und es fällt dem gesamten Team leicht, aktiv und konzentriert zu bleiben.

Ü 3.1 Projektstart organisieren

Organisiert den Projektstart für euer Projekt.

a) Führt eventuell eine Situationsanalyse durch.

b) Analysiert im Team, ob es einen Unterschied macht, ob euch das Projekt vom Projektauftraggeber „verkündet" wird, oder ob ihr den Erarbeitungsprozess mitgestalten könnt.

c) Legt fest, in welcher Kommunikationsform der Start-Event abgehalten werden soll, wer eingeladen wird und welche Punkte die Tagesordnung enthält.

d) Gestaltet aufgrund Punkt b) die Einladungen samt Tagesordnung und bereitet das Protokoll vor.

PROJEKT MANAGEMENT AUSTRIA
member of IPMA

Hier findest du Standard-Projekthandbücher in Deutsch und Englisch zum Herunterladen:
www.p-m-a.at.

2 Projekt abgrenzen und Kontext analysieren

Es ist wichtig, die Grenzen eines Projekts genau festzulegen und aufzuzeigen, in welchem Kontext es steht.

1 Übersicht: Projektabgrenzung und Projektkontextanalyse

Vereinfacht kann man fragen: „Was ist drinnen, was ist draußen und in welchem Umfeld steht das Projekt?".

Ⓜ LERNKARTE

Gegenüberstellung Projektabgrenzung und Projektkontextanalyse: Mit der Projektabgrenzung wird festgestellt, was im Projekt drinnen ist. Die Projektkontextanalyse zeigt das Umfeld des Projekts.

Projektabgrenzung und Projektkontextanalyse werden für drei Dimensionen durchgeführt: zeitlich, sachlich und sozial.

DIMENSION	PROJEKTABGRENZUNG	PROJEKTKONTEXTANALYSE	
zeitlich	Zwischen welchen Zeitpunkten und Ereignissen wird das Projekt durchgeführt?	Vorprojektphase: • Was ist vor dem Projektstart passiert? • Welche Entscheidungen wurden bereits getroffen? • Wie ist es zu diesem Projekt gekommen? • Wer hat die Projektentstehung gefördert bzw. gehemmt? • Welche Unterlagen wurden erstellt?	Nachprojektphase: • Welche Handlungen und Entscheidungen sind nach Projektende zu setzen? • Welche Folgeprojekte kann/soll/muss es geben? • Welche Folgenutzen, -kosten gibt es?
sachlich	Welche Ziele werden verfolgt und welche nicht? Welche Ergebnisse sind Inhalt des Projekts, welche nicht?	Welche Inhalte außerhalb des Projekts und welche anderen Projekte bzw. Maßnahmen, die gleichzeitig durchgeführt werden, beeinflussen mein Projekt? Passt das Projekt zum Leitbild und den Strategien der Organisation (Unternehmen, Schule ...)?	
sozial	Wer hat im Projekt welche Rollen, wer ist Projektleiterin bzw. Projektleiter, Projektteammitglied, Projektmitarbeiterin/-mitarbeiter, Projektcoach ...?	Welche Umwelten (z. B. Kundinnen/Kunden, Behörden, Lieferantinnen/Lieferanten, Medien ...) stehen in Beziehung zum Projekt?	

Beispiel Winterfest:

Das Team überlegt, ob eine Fotodokumentation zum Projekt gehört oder nicht. Lukas Mutter umsorgt zwar das Projektteam, wenn es im Wochenendhaus das Projekt plant, sie gehört aber nicht zum Projektteam. Mit der Erteilung des Projektauftrags durch die Direktorin beginnt das Projekt. Wann es enden soll, hängt davon ab, ob die Fotodokumentation noch in das Projekt einbezogen wird oder nicht. Die Übergabe des unterschriebenen Projektabschlussberichts ist das formale Ende des Projekts.

Projektabgrenzung und Projektkontextanalyse für jede Dimension gemeinsam bzw. knapp hintereinander zu betrachten, verbessert den Überblick und beschleunigt den Planungsprozess. Die zeitliche, sachliche und soziale Projektabgrenzung ist in den Projektauftrag zu übertragen.

Ü 3.2 **Projekt abgrenzen und Kontext analysieren**

Untersucht für euer eigenes Projekt,

a) was Inhalt des Projekts sein soll und was nicht,

b) wer zum Projektteam gehören, wer Auftraggeberin/Auftraggeber sein soll,

c) wann und mit welchem Ereignis das Projekt beginnen, wann und womit es enden soll.

d) Erkläre die Begriffe Projektabgrenzung und -kontextanalyse im Zusammenhang mit eurem eigenen Projekt.

2 Zeitliche Projektabgrenzung

 **LERNKARTE**

Zeitliche Projektabgrenzung: Bei der zeitlichen Abgrenzung werden der Projektstarttermin mit dem dazugehörigen Startereignis und der Projektendtermin mit dem Endereignis festgesetzt bzw. geplant.

Das **Startereignis** ist das Ereignis, bei dem sich das Projektteam trifft, um ein gemeinsames Bild vom Projekt zu bekommen und die Planung des Projekts durchzuführen. Das Projekt wird durch die Projektauftraggeberin/den Projektauftraggeber beauftragt.

Das **Endereignis** wird das wesentliche Ereignis im gesamten Projekt sein, z. B. der Event, die Übergabe des Ergebnisses und/oder Abschlussberichts an die Projektauftraggeberin/den Projektauftraggeber, die Abschlussfeier, der Versand der Endabrechnung etc. Das Projekt wird durch die Projektauftraggeberin/den Projektauftraggeber abgenommen.

Mögliche Vorgangsweise:

1. Bestimme den geplanten Endtermin des Projekts. Dieser kann vom Projektteam selbständig, nach voraussehbarem Leistungsumfang, festgelegt werden oder von der Projektauftraggeberin/vom Projektauftraggeber vorgegeben sein.

2. Verknüpfe diesen Endtermin mit einem Ereignis (= Endereignis).

3. Definiere den Projektstarttermin (Wann findet das Kick-off-Meeting bzw. der Start-Workshop statt? Wann wurde beschlossen, das Projekt durchzuführen, und diese Absicht erstmals veröffentlicht? Wann wurde der Projektantrag angenommen?)

4. Verknüpfe auch diesen Starttermin mit dem dazugehörigen Ereignis (= Startereignis).

Projektende mit Datum
Für das Ende eines Projektes sollte ein konkretes Datum festgelegt werden, damit das Projekt nicht ergebnislos „versandet".

Tipp: Finde für jeden der beiden Termine ein konkretes Datum. Wochen- und Monatsangaben „verführen" zum „Verschleppen" des Endtermins und das Projekt läuft entweder unbeobachtet aus oder „versandet" ohne befriedigende Endleistung.

Beispiel Winterfest: Die zeitliche Projektabgrenzung wird für das Projekt Winter-Break-Party folgendermaßen fixiert:

PROJEKTNAME: WINTER-BREAK-PARTY 20.. PROJEKTNUMMER: 7		ZEITLICHE PROJEKTABGRENZUNG		
Ereignis		Termin		
Startereignis	Start-Workshop	Starttermin	01.10.20..	
Endereignis	Übergabe des Abschlussberichts (inhaltlich) und Abnahme durch die Projektauftraggeberin (formal)	Endtermin	15.01.20..	
Version: 1.0	Datum: 05.10.20..*	Erstellerin: Anna	Seite: 1 von 1	

* Die Planungen (Analysen, Tools), die im Zuge des Start-Workshops vorgenommen werden, überträgt die Projektleiterin Anna am 5.10.20.. in „Reinschrift" in die entsprechenden Formulare.

Es reicht nicht, nur einen Termin festzulegen. Es muss immer auch ein Ereignis angegeben werden. Der Termin kommt auf jeden Fall. Damit das angestrebte Ereignis auch eintritt, muss das Team intensiv arbeiten.

Ü 3.3 Zeitliche Projektabgrenzung

Erstellt die zeitliche Projektabgrenzung für euer eigenes Projekt und untersucht, ob die Daten im Projektauftrag noch stimmen.

M ZUSATZINHALT
Die Vorlage für das Formular zeitliche Projektabgrenzung findest du im E-Book.

3 Zeitliche Projektkontextanalyse (Vor- und Nachprojektphase)

 **LERNKARTE**

Zeitliche Projektkontextanalyse: Bei der zeitlichen Kontextanalyse betrachtet man u. a., was sich vor Beginn der Arbeit am Projekt, also in der Vorprojektphase, ereignet hat.

Die Ereignisse der Vorprojektphase wirken auf das Projekt. Beim Projektstart werden Informationen über die Projektgeschichte ausgetauscht.

Weiters überlegt man sich, was nach Abschluss des Projekts alles möglich bzw. was noch zu erledigen sein wird. Man macht sich Gedanken zur Nachprojektphase. Auch die für die Nachprojektphase erwarteten Konsequenzen beeinflussen das Projekt.

VORPROJEKTPHASE	NACHPROJEKTPHASE (KONSEQUENZEN)
• Was ist vor dem Projektstart passiert? • Welche Entscheidungen wurden bereits getroffen? • Wie ist es zu diesem Projekt gekommen? • Wer hat die Projektentstehung eförderd bzw. gehemmt? • Welche Unterlagen wurden erstellt?	• Welche Handlungen und Entscheidungen sind nach Projektende zu setzen? • Welche Folgeprojekte kann/soll/muss es geben? • Welche Folgenutzen, -kosten gibt es?

Alle Handlungen und Entscheidungen der Vorprojektphase sind zwar zu berücksichtigen, können aber im Projekt nicht mehr gestaltet werden. Positive Folgen für die Nachprojektphase liefern oft gute Argumente für die Durchführung des Projekts. Das ist wichtig, wenn man sich bei der potentiellen Projektauftraggeberin/beim potentiellen Projektauftraggeber um die Genehmigung des Projekts bemühen muss.

Tipp: Versuche die Fragen, die in der Vor- und Nachprojektphase angeführt sind, zu beantworten. Führe gegebenenfalls weitere Missstände und Umstände an, die zu diesem Projekt geführt haben. Formuliere, welche Auswirkungen für die Nachprojektphase erwartet werden. Fragen, die für das aktuelle Projekt nicht interessant sind, werden nicht beachtet.

Für die gemeinsame Erarbeitung der zeitlichen Projektkontextanalyse im Team und zur raschen Kommunikation ist die grafische Darstellung sehr gut geeignet. Die digitale Erfassung und Dokumentation hingegen lässt sich meist viel einfacher und rascher in Form einer Tabelle durchführen.

Beispiel Winterfest: Anna dokumentiert als Projektleiterin die zeitliche Kontextanalyse für die Winter-Break-Party wie folgt:

PROJEKTNAME: WINTER-BREAK-PARTY 20.. PROJEKTNUMMER: 7	ZEITLICHE PROJEKTKONTEXTANALYSE	
Beschreibung der **Vorprojektphase** (Wie ist es zu diesem Projekt gekommen? Welche Entscheidungen wurden getroffen?)	Beschreibung der **Nachprojektphase** (Was wird nach dem Projekt passieren?)	
Das Projekt betreffende Ereignisse: • Besuch eines tollen Festes (Anna) • Gespräche mit Freunden	Welche Folgeaktivitäten, -projekte wird es geben? • Bericht auf der Schul-Website • Bericht in der Schülerzeitung • Bericht im Jahresbericht	
Das Projekt betreffende Entscheidungen: Anna und Freunde wollen eine Winter-Break-Party.	Welchen Folgenutzen wird es geben? • Freundschaften entstehen • Identifikation mit der Schule steigt	
Für das Projekt relevante Dokumente (nur Dokumente, nicht deren Inhalt): • Fotos des von Anna besuchten Festes • Projekthandbücher von ähnlichen Projekten aus der Vergangenheit	Welche Folgekosten wird es geben? Kosten für Fotos	
Erfahrungen aus ähnlichen Projekten: • Bisherige Schulschlussfeste waren oft langweilig. • Faschingsfest – Beteiligung war gering.		
Version: 1.0	Datum: 05.10.20..	Erstellerin: Anna	Seite: 1 von 1

Ü 3.4 Zeitliche Kontextanalyse

Erstellt für euer Projekt die zeitliche Kontextanalyse

a) grafisch auf einem Flip-Chart und

b) übertragt die grafische Darstellung zur digitalen Erfassung in die Tabelle.

pma

PROJEKT MANAGEMENT AUSTRIA

member of IPMA

Die Vorlage für die Beschreibung der Vorprojekt- und Nachprojektphase findest du im Standard-Projekthandbuch.

www.p-m-a.at

Sachliche Projektabgrenzung

Die Ziele des Projekts werden in der sachlichen Projektabgrenzung genau festgelegt und die angestrebten Ergebnisse möglichst präzise angegeben.

Ziele sollen so formuliert werden, dass eindeutig überprüft werden kann, wie weit das jeweilige Ziel hinsichtlich Quantität und Qualität erreicht wurde. Je konkreter die Ziele formuliert werden, desto weniger kommt es bei Übergabe der Projektergebnisse zu Meinungsverschiedenheiten mit der Projektauftraggeberin/dem Projektauftraggeber. Unangenehme Auseinandersetzungen und Rechtsstreitigkeiten können dadurch vermieden werden.

 LERNKARTE

> **Sachliche Projektabgrenzung:** Für die Festlegung von Zielen gehst du am besten nach der SMART-Formel vor.
>
> Die Ziele müssen **SMART** sein:
> **S** spezifisch: Sie müssen konkret formuliert sein.
> **M** messbar: Es muss erkennbar sein, ob bzw. wie weit die Ziele erreicht wurden.
> **A** attraktiv: Es muss sich lohnen, sich für die Ziele zu engagieren.
> **R** realistisch: Es muss im Bereich des Möglichen sein, die Ziele zu erreichen.
> **T** terminisiert: Es muss klar sein, bis wann die Ziele erreicht werden müssen.
> (Anmerkung: Dieser Teil der Zielformulierung betrifft die zeitliche Dimension, er erfolgt in der zeitlichen Projektabgrenzung bzw. in der Terminplanung.)
>
> Durch die Bestimmung von **„Nicht-Zielen"** werden die Projektgrenzen sichtbarer. Bei Bedarf können „Nicht-Ziele" in einem Folgeprojekt als Projektziele definiert werden.
> **Hauptziele** sind Ergebnisse, derentwegen das Projekt durchgeführt wird, z. B. eine gelungene Winter-Break-Party.
> **Zusatzziele** (Ergebnisziele und Prozessziele) sind erwünscht, könnten aber auch durch andere Aktivitäten, Maßnahmen und Projekte erreicht werden, z. B. Verbesserung der Klassengemeinschaft.

Tipps:

- Ziele sind immer erwartete Ergebnisse der Arbeit, z. B. Ziel ist die durchgeführte Winter-Break-Party mit einer Teilnahme von mindestens 80 % der Schülerinnen und Schüler.
- Formuliere Ziele immer positiv! Z. B.: Ziel ist ein Gewinn von … Falsch wäre: kein Verlust.
- Die Festlegung von Nicht-Zielen ist wichtig, um exakt festzulegen, welche Ziele durch dieses Projekt nicht angestrebt werden.
- Nur positive Effekte sind als Nicht-Ziele geeignet – unerwünschte negative Effekte, z. B. Misserfolg, Streit, werden ja in keinem Projekt angestrebt.
- Oft ergibt sich erst durch Formulierung von Nicht-Zielen ein genaues Bild von den Zielen.
- Je detaillierter und genauer Ziele definiert werden, desto leichter ist die Leistungsplanung. Aber auch hier gilt der Grundsatz: so genau wie nötig, so großzügig wie möglich!
- Je messbarer Ziele definiert werden, desto weniger müssen Ergebnisse nach „vagen" Zielbeschreibungen interpretiert und damit laufend „nachgearbeitet" werden. Ein Ziel muss daher immer den messbaren Inhalt, das Ausmaß, den Zeitbezug sowie den Ort beinhalten. Ziele sind auch immer in die Zukunft gerichtet. Ein Beispiel für ein messbares Ziel wäre, dass laut Befragung mindestens 90 % aller Schülerinnen und Schüler auf der

Winter-Break-Party Spaß hatten. Ob dieses Ziel erreicht wurde, müsste allerdings durch eine Befragung erhoben werden.

- Bei der Zieldefinition sollte beachtet werden, dass nicht von vornherein Wege und Methoden zur Zielerreichung beschrieben werden. Ziele müssen lösungsneutral formuliert werden.
- Die Projektziele müssen nicht nur innerhalb des Projektteams (Projektleiterin/-leiter und Projektteammitglieder), sondern auch mit der Projektauftraggeberin/dem Projektauftraggeber vereinbart werden.

Der Projektzieleplan ist ein einfaches Hilfsmittel, um die Projektziele übersichtlich darzustellen.

Beispiel Winterfest: Nachdem sich das Team über die Ziele für die Winter-Break-Party geeinigt hat, überträgt sie Anna in den Projektzieleplan und überprüft auch den Projektauftrag hinsichtlich Deckungsgleichheit. Eine Änderung darf aber nur mit Zustimmung der Projektauftraggeberin durchgeführt werden.

PROJEKTNAME: WINTER-BREAK-PARTY 20.. PROJEKTNUMMER: 7	PROJEKTZIELEPLAN – SACHLICHE PROJEKTABGRENZUNG	
Zielart	Projektziele bzw. Nicht-Ziele	Adaptierte Projektziele per …
Hauptziele	Gelungene Winter-Break-Party mit einer Beteiligung von mindestens 80 % der Schülerinnen und Schüler der Schule am 20. 12. 20.. mit folgenden Spezifika ist durchgeführt: • Programm für mindestens 1,5 Stunden • Karaoke-Show mit mindestens 10 Teilnehmerinnen/Teilnehmern • mindestens 3 Sport-/Scherzbewerbe • Tombola mit mehr als 150 Preisen • Musik/Band für die gesamte Party • Buffet: Getränke und Essen (süß und pikant) • Gesicherte Finanzierung durch Sponsoring, Ticketverkauf und Tombola • Sauberkeit nach der Veranstaltung • Abrechnung	
Zusatzziele	• Schülerinnen/Schüler haben Spaß gehabt. • Schülerinnen/Schüler haben sich (besser) kennengelernt. • Projektmanagement-Erfahrung durch den Einsatz von PM-Tools gesammelt	
Nicht-Ziele	• Reine Tanzveranstaltung • Reines Sportfest • Bericht in Schülerzeitung, Jahresbericht • Fotogalerie für Schul-Website	
Version: 1.0	Datum: 05. 10. 20..	Erstellerin: Anna	Seite: 1 von 1

Die Spalte **Adaptierte Projektziele per …** wird noch nicht bei der Projektplanung, sondern erst im Verlauf des Projekts (z. B. bei Controllingsitzungen) benötigt, falls Änderungen (= Adaptierungen) erforderlich werden. An diesem Beispiel ist klar zu sehen, dass die Planung eines Projekts und der Controllingprozess arbeitssparend mit denselben Formularen durchgeführt werden können.

Hinweise:

- Nicht-Ziele erfüllen eine Schutzfunktion für das Projektteam.
- Keine Selbstverständlichkeiten anführen!

Warum sind Ziele für die Arbeit in Projekten so wichtig?
- Ziele informieren und motivieren.
- Ziele machen das Projektende und das Projektendergebnis immer wieder zum Thema.
- Ziele sind die Grundlage für ein zügiges und kreatives Arbeiten.
- Die Mitwirkung bei der Planung und Umsetzung der Ziele erhöht die Identifikation mit dem Projekt wesentlich.
- Bei der Zieldefinition kommt es sinnvollerweise zum Setzen von Prioritäten.
- Die Zieldefinition beeinflusst die benötigten Mittel (= Ressourcen).
- Eine genaue Zieldefinition schafft Einigkeit über das „Wohin" im Projekt und lässt alle Teammitglieder „am selben Strang" ziehen (Identifikationsfunktion).
- Eine genaue Definition der Ziele und Nicht-Ziele vermindert den Interpretationsspielraum. Sie schafft klare Verhältnisse für die Projektauftraggeberin/den Projektauftraggeber und das Projektteam und verringert somit die Gefahr von teuren Rechtsstreitigkeiten über den Umfang der zu erbringenden Leistung.

Ü 3.5 Sachliche Projektabgrenzung

Erstellt für euer eigenes Projekt die sachliche Projektabgrenzung, indem ihr
a) den Projektzielplan im Projekthandbuch ausfüllt und
b) die Deckungsgleichheit mit dem Projektauftrag abstimmt.
c) Erklärt auch den Begriff sachliche Projektabgrenzung anhand eures Projekts.

PROJEKT MANAGEMENT AUSTRIA
member of IPMA

Die Vorlage für den Projektzielplan findest du im
Standard-Projekthandbuch.
www.p-m-a.at

PM+ 5 Sachliche Projektkontextanalyse

Im Rahmen der sachlichen Kontextanalyse ist zu beachten, dass das Projekt nicht im Widerspruch zur Gesamtstrategie des Unternehmens/der Organisation stehen darf. Es soll mithelfen, die Unternehmensziele zu erreichen. Es gibt vielleicht noch andere Projekte oder Vorhaben, die das eigene Projekt beeinflussen oder betreffen. Diese sollten für das gesamte Projektteam sichtbar sein, um sie in die Überlegungen einbeziehen zu können.

 **LERNKARTE**

Sachliche Projektkontextanalyse: Die Beziehungen zu Unternehmensleitbild und Unternehmensstrategien, aber auch zu anderen Projekten und Maßnahmen können in einer Abbildung oder in Tabellenform dargestellt werden.

Beispiel Winterfest:

Das Projektteam versucht, folgende Fragen zu beantworten: „Gibt es zurzeit vielleicht noch andere Projekte, die für unser Projekt Konkurrenz bedeuten oder Unterstützung bieten können?", „Was läuft parallel zu unserer Arbeit?", „Welche Bedeutung hat das Schulleitbild für unser Projekt und umgekehrt?", „Passt unser Projekt zur Schulstrategie?" etc. Der PSP-Code wird erst später, wenn der Projektstrukturplan (PSP) gemacht wird, ergänzt. Das Team sieht das Projekt in folgendem sachlichen Kontext:

PROJEKTNAME: WINTER-BREAK-PARTY 20.. PROJEKTNUMMER: 7	SACHLICHE PROJEKTKONTEXTANALYSE		
Zusammenhang zu den Unternehmenszielen und -strategien			
Unternehmensziele	**Beschreibung des Zusammenhangs**		
Lehrplan	Projekt ist im Lehrplan gedeckt		
Schulleitbild	Projekt passt zum Schulleitbild		
Schulstrategien	Projekt passt zu den Schulstrategien		
Beziehungen zu anderen Projekten			
Projekt	**Beziehung**	**Maßnahmen**	**PSP-Code**
Schulball	Synergieeffekte, weil ähnliche Veranstaltung	• Erfahrungen übertragen • Projekthandbuch studieren • auf Ressourcen (materiell, personell) zurückgreifen	
	Konkurrenz, weil Energie abgezogen wird	Kontakt mit Schulball-Team aufnehmen und falls nötig Termine etc. koordinieren (z. B. gemeinsamen elektronischen Kalender vereinbaren)	
Schülerinnen- und Schülercoaching	Vielleicht ergeben sich Maßnahmen, die helfen, die Ziele beider Projekte besser zu erreichen.	Kontakt mit dem Coachingteam aufnehmen	
Version: 1.0	Datum: 05. 10. 20..	Erstellerin: Anna	Seite: 1 von 1

Ü 3.6 Sachliche Projektkontextanalyse

Analysiert die sachliche Projektkontextanalyse für euer Projekt, indem ihr

a) den sachlichen Projektkontext grafisch und/oder in Tabellenform darstellt.

b) Erklärt auch anhand eures Projekts den Begriff sachliche Projektkontextanalyse.

pma
PROJEKT MANAGEMENT AUSTRIA
member of IPMA

Die Vorlage für die Beschreibung der Beziehung zu anderen Projekten und des Zusammenhangs mit den Unternehmenszielen findest du im Standard-Projekthandbuch.
www.p-m-a.at

Soziale Projektabgrenzung

Die soziale Abgrenzung legt die Rollen im Projekt fest. Es werden die handelnden Personen im Projekt bestimmt. Die individuellen Rollen und auch die Gruppenrollen werden festgelegt. Dabei sind die Erwartungen an die Rolle (unabhängig von der Person), die Beziehungen der Rollen und die Interaktionen der Rollenträgerinnen/Rollenträger zu berücksichtigen. Die endgültige Rollenbildung erfolgt im Start-Workshop. Es muss Einigkeit über die Rollenverteilung und die Aufgaben der Rollenträgerinnen/Rollenträger herrschen.

 LERNKARTE

Soziale Projektabgrenzung (Projektorganigramm): Die soziale Projektabgrenzung kann als Projektorganigramm und als Tabelle dargestellt werden.

Zu beachten ist ebenfalls, wie die Projektorganisation in die Stammorganisation (z. B. die Schule) eingegliedert wird.

Beispiel Winterfest:

Das Team entscheidet sich dafür, die soziale Projektabgrenzung in Tabellenform vorzunehmen.

PROJEKTNAME: WINTER-BREAK-PARTY 20.. PROJEKTNUMMER: 7	PROJEKTORGANISATION SOZIALE PROJEKTABGRENZUNG ANSPRECHPERSONEN			
Name	Organisationseinheit/ Funktion	Rolle im Projekt	Telefon	E-Mail
Dir. Mag. Dr. Susanne Leiter	Schulleitung	Projektauftraggeberin	7567	sleiter@schule.at
Anna Schuster	3BK	Projektleiterin	2345678	ASchuster@schule.at
Prof. Mag. Linda Helfer	Lehrkraft	Projektcoach	3456789	lhelfer@schule.at
Alexander Dzelic	IT, Grafik; Infrastruktur	Projektteammitglied	5678912	adzelic@schule.at
Ayse Gündüz	3BK Buffet		7897	aguenduez@schule.at
Lukas Hofer	Musik		4567891	lHofer@schule.at
Lena Winter	Sportbewerbe		6789123	lwinter@schule.at
Martin Mit	Buffet	Projektmitarbeiterin/ -mitarbeiter	8975	mmit@schule.at
Bernd Sänger	3AK Musik		9756	bsaenger@schule.at
Ulrike Turner	Sportbewerbe		9876543	uturner@schule.at
Hannah Esser	3CK Buffet		8765432	hesser@schule.at
Willi Zeichner	3CK Grafik, IT		7654321	wzeichner@schule.at
Version: 1.0	Datum: 05.10.20..	Erstellerin: Anna		Seite: 1 von 1

Tipps:

- Wählt eure Projektteammitglieder vorwiegend nach den projektspezifischen Fähigkeiten, die diese in das Projekt einbringen können, aus. Überdenkt erst dann die soziale Komponente (Rollenkonflikte, persönliche Vorerlebnisse etc.), um eure endgültige Entscheidung zu treffen.

■ Sichert in eurem Projekt Vielfalt (Teammitglieder unterschiedlicher Ausbildung, Herkunft, Erfahrung etc.) und Redundanz (Teammitglieder mit gemeinsamer Geschichte, Erfahrung, ähnlichen Qualifikationen, Kontakten etc.).

■ Wenn ihr Stellvertreter plant, legt auch diese Rollen in ihren Verantwortungen und Rechten fest, sonst kommt es zu „Rollenhüllen", die keiner ausfüllt. Das ist auch eine Kostenfrage.

■ Wählt grundsätzlich nie mehr als maximal sieben Kernteampersonen aus, da dies sonst nachteilige Auswirkungen auf die Kommunikations- und Arbeitsstruktur hat. Die optimale Gruppengröße liegt zwischen 3 und 5 Kernteammitgliedern.

■ Das Festhalten wichtiger Kommunikationsinformationen wie Telefonnummer und E-Mail-Adresse erleichtert die Kommunikation und erhöht die Transparenz im Projekt.

Ü 3.7 Soziale Projektabgrenzung

Erstellt die soziale Projektabgrenzung für euer Projekt, indem ihr
a) das Projektorganigramm fixiert bzw. gegebenenfalls überarbeitet und
b) die Tabelle Ansprechpersonen bzw. Projektorganisation ausfüllt.
c) Erklärt auch anhand eures Projekts den Begriff soziale Projektabgrenzung.

Die Vorlage für die Tabelle Ansprechpersonen bzw. Projektorganisation findest du im Standard-Projekthandbuch.
www.p-m-a.at

PM+ 7 Soziale Projektkontextanalyse (Analyse der Projektumwelten)

Die **soziale Projektkontextanalyse** dient dazu, festzuhalten, mit welchen Personen außerhalb des Projekts das Projektteam Kontakt aufnehmen muss, um Informationen zu erhalten, das Projekt zu vermarkten, Hilfestellung zu bekommen usw. Es gilt also zu überlegen, wer mit dem Projekt in irgendeiner Form in Berührung kommt. **80 % aller Projekte, die scheitern, scheitern aufgrund von Problemen im Zusammenhang mit sozialen Umwelten!**

In der anschließenden **Projektumweltanalyse (Stakeholder-Analyse)** ist zu untersuchen, welche dieser Personen oder Personengruppen dem Projekt positiv, negativ oder neutral gegenüberstehen.

Ist das geklärt, ist zu überlegen, mit welchen Maßnahmen die Personen, die das Projekt noch ablehnen, umgestimmt werden können und die Förderer positiv gestimmt bleiben.

Tipps zur Vorgangsweise:

1. Schreibt alle Personen bzw. Gruppen, die in Beziehung zu eurem Projekt stehen (= Projektumwelten), auf Post-its.
2. Unterscheidet, ob sie projektintern oder projektextern sind.
3. Bildet für die Personen bzw. Gruppen übergeordnete Cluster (z. B. Kundinnen/Kunden, Lieferantinnen/Lieferanten, Anrainerinnen/Anrainer, Lehrerinnen/Lehrer, Schülerinnen/Schüler, Schulwarte).
4. Ordnet die geclusterten Post-its in Beziehung zu eurem Projekt auf Flip-Chart-Papier in einer **Grafik** an.
5. Bewertet diese Personen bzw. Personengruppen in ihrer positiven, neutralen oder negativen Einstellung zum Projekt und kennzeichnet die „Förderer" und „Hemmer" entsprechend.

Mögliche Fragen zur Bewertung der Umwelten:

■ Wer wird dieses Projekt fördern, wer wird es hemmen?
■ Was sind die wechselseitigen Erwartungen dieser Personen?
■ Welche Potenziale, welche Macht haben diese?

- Wo sieht das Projektteam Verbündete, wo Widersacher?
- Welche Konflikte sind bereits bekannt oder unerkannt vorhanden?
- Wer hat bereits Schritte zum Fördern bzw. Unterstützen des Projektes gesetzt?

6. Erstellt nun einen **Maßnahmenplan** für jene Umwelten, bei denen ihr Handlungsbedarf erkennt. Verwendet dazu ein Formular mit Verantwortlichen und Terminen. Vergesst nicht auf Maßnahmen für positiv gestimmte Personengruppen, um die positiven Effekte noch zu erhöhen und um die gute Stimmung zu erhalten!

Tipps zur Erhöhung der Aussagekraft der Grafik Projektumweltanalyse:

- Wenn man die Symbole für die Umwelten nach ihrer **Bedeutung** unterschiedlich groß wählt, sieht man sofort, wie wichtig die jeweilige Umwelt für das Projekt ist.
- Um zu erkennen, in welcher **Distanz** eine Umwelt zum Projekt steht, stellt man die entsprechenden Umwelten näher am Projekt oder weiter weg davon dar.
- Durch die entsprechende Stärke der Verbindungslinien kann man auch die **Häufigkeit (Intensität)** der Kontakte sichtbar machen. Je intensiver der Kontakt ist, desto breiter ist die Verbindungslinie. Beachte jedoch: Oft ist eine Projektumweltanalyse nur für den projektinternen Gebrauch geeignet, um Unstimmigkeiten zu vermeiden.

Beispiel Winterfest: Unser Projektteam kommt im Zuge der sozialen Projektkontextanalyse zu folgendem Ergebnis:

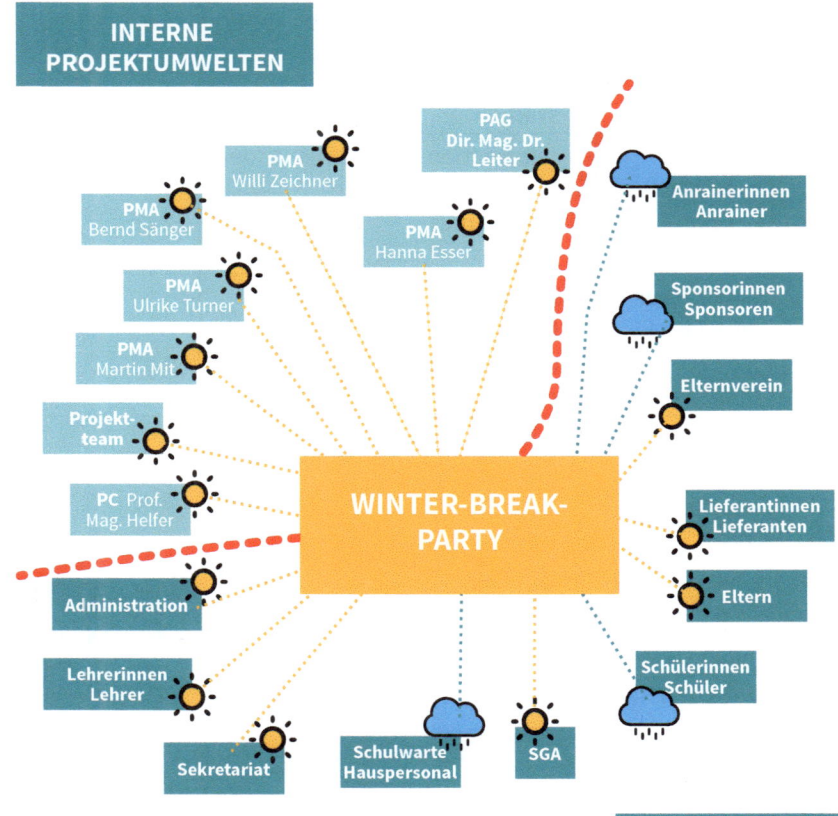

Legende:
PAG = Projektauftraggeberin/
  Projektauftraggeber
PC = Projektcoach
PL = Projektleiterin/Projektleiter
PMA = Projektmitarbeiterin/
  Projektmitarbeiter
SGA = Schulgemeinschaftsausschuss
Förderer = Sonne
Hemmer = Wolke

Hinweis: Eine andere Möglichkeit, „Förderer" und „Hemmer" deutlich zu kennzeichnen, ist die „Ampelmethode": „Förderer" werden grün, mögliche „Hemmer" gelb und starke „Hemmer" rot markiert.

Beispiel Winterfest: Auszug aus dem Maßnahmenplan – soziale Projektkontextanalyse

PROJEKTNAME: WINTER-BREAK-PARTY 20.. PROJEKTNUMMER: 7		PROJEKTUMWELTEN-BEZIEHUNGEN SOZIALE PROJEKTKONTEXTANALYSE MASSNAHMENPLAN				
Umwelt	Beziehung (Potenzial/ Konflikt)	Folge	Maßnahme	Wer	PSP-Code	Bis wann
Schulwart und Hauspersonal	• Arbeitsaufwand • Abfallbeseitigung	Beschwerden	• Information „Aufräumkommando" aufstellen • Vorsorge Abfallbeseitigung	Anna		14. 10… 30. 11… 14. 10…
Sponsorinnen/ Sponsoren	zu wenige	Finanzierung nicht gesichert	• gezielte Suche nach neuen Sponsorinnen und Sponsoren • Schüler/innen spenden (Essen …)	Ayse Lena		14. 10… 30. 11… 14. 10…
Schülerinnen/ Schüler	• kritische Kunden • schlechte Erfahrungen	Zu wenig Besucherinnen und Besucher	• gezieltes Projektmarketing • attraktive Einladungen • die Befürworterinnen und Befürworter stärken	Alexander		Laufend 14. 10…
Anrainerinnen/Anrainer	Lärmbelästigung	• Polizeieinsatz • Abbruch des Festes	• Information • Bitte um Verständnis	Alexander		5. 12…
Elternverein	Übernahme der finanziellen Haftung	Finanzierung gesichert	• Präsentation der Planung • laufende Berichterstattung	Anna (PL)		4. 10… laufend
Version: 1.0	Datum: 05. 10. 20..		Erstellerin: Anna	Seite: 1 von 1		

Ü 3.8 Soziale Projektkontextanalyse

Erstellt die soziale Projektkontextanalyse für euer Projekt, indem ihr

a) eine Grafik für die Projektumweltanalyse und

b) den dazugehörigen Maßnahmenplan erstellt.

c) Erklärt auch anhand eures Projektes den Begriff soziale Projektkontextanalyse.

pma
PROJEKT MANAGEMENT AUSTRIA
member of IPMA

Die Vorlage für die Tabelle Projektumwelten-Beziehungen (Maßnahmenplan) findest du im Standard-Projekthandbuch.
www.p-m-a.at

3 Leistungen planen

Wenn die Projektziele klar, das Projekt abgegrenzt und sein Kontext analysiert sind, erfolgt die genauere Leistungsplanung.

1 Schritte der Leistungsplanung

 **LERNKARTE**

Leistungen planen: Bei der Leistungsplanung werden die Teilergebnisse und die Vorgangsweise festgelegt und vereinbart, wer welche Aufgaben übernimmt.

In folgenden Dokumenten werden folgende Fragen beantwortet:

OBJEKTSTRUKTUR-PLAN	PROJEKTSTRUKTUR-PLAN	ARBEITSPAKET-SPEZIFIKATION	FUNKTIONEN-DIAGRAMM
Welche Teilergebnisse?	Was müssen wir tun?	Was müssen wir tun? (detailliert)	Wer macht was?

2 Betrachtungsobjekteplan bzw. Objektstrukturplan (ergebnisorientiert)

Der Betrachtungsobjekteplan dient als Grundlage für die nach Phasen gegliederte Projektstrukturplanung. Er gibt Antwort auf die Frage: „Aus welchen Teilleistungen (Teilergebnissen) besteht das Projekt?" bzw. „Welche Teilergebnisse will die Projektauftraggeberin/der Projektauftraggeber vom Projektteam bekommen?"

Der Betrachtungsobjekteplan gliedert das Projekt in seine **Teilergebnisse (= Teilobjekte).** Ziel ist die Schaffung eines gemeinsamen Bilds vom Projekt bei den Projektteammitgliedern und bei Vertreterinnen/Vertretern wichtiger Projektumwelten (z. B. Kundinnen/Kunden, Lieferantinnen/Lieferanten, Partnerinnen/Partnern).

Er wird am einfachsten als Liste dargestellt:
- Teilergebnis 1
- Teilergebnis 2
- Teilergebnis 3

Du kannst die Betrachtungsobjekte auch gut als Mindmap darstellen.

Beispiel Winterfest: „Auf jeden Fall benötigen wir einen geeigneten Ort und ein tolles Programm", meint Ayse. „Ohne Getränke und Essen wird es auch nicht gehen", wirft Lukas ein. „Ich will tolle Musik", gibt Lena ihre Wünsche bekannt. Bald einigt sich das Projektteam auf folgenden Betrachtungsobjekteplan:

PROJEKTNAME: WINTER-BREAK-PARTY 20.. PROJEKTNUMMER: 7	BETRACHTUNGSOBJEKTEPLAN (OBJEKTSTRUKTURPLAN – OSP)		
Betrachtungsobjekteart	Betrachtungsobjekt		
1 Infrastruktur	1.1 Veranstaltungsort 1.2 Ausstattung (Bänke, Tische, Mistkübel, Aschenbecher) 1.3 Dekoration 1.4 Bühne 1.5 Technik: Musikanlage, Licht 1.6 Garderobe 1.7 Müll		
2 Programm	2.1 Eröffnungsrede/-ereignis 2.2 Moderation 2.3 Programmpunkte: Karaoke-Show, Sport-/Scherzbewerbe, Tombola 2.4 Buffet 2.5 Musik 2.6 Preise (für Tombola und Wettbewerbe) 2.7 Fotos 2.8 Schlusspunkt/Verabschiedung		
3 Finanzierung	3.1 Sponsoring 3.2 Sponsorenliste 3.3 Finanzierungsplan 3.4 (Vor-)Verkauf: Tickets für Tombola, Eintritt		
4 Dokumente	4.1 Vertrag für Veranstaltungsort (falls nötig) 4.2 Genehmigungen (falls nötig) 4.3 Programmplan 4.4 Einkaufslisten 4.5 Organisationsplan (Wer macht was auf dem Fest?)		
5 Marketingmaßnahmen	5.1 Motto 5.2 Einladungen 5.3 Plakate, Durchsagen, Ankündigung in der Schülerzeitung 5.4 Tickets		
Version: 1.0	Datum: 05. 10. 20..	Erstellerin: Anna	Seite: 1 von 1

Tipp: Der Gedanke, dass du die Teilergebnisse in der Hand halten möchtest, hilft dir, diese zu formulieren.

Ü 3.9 Betrachtungsobjekteplan

Erstellt für euer eigenes Projekt einen Betrachtungsobjekteplan

- als Mindmap,
- als einfache Liste mit mindestens 5 Positionen oder
- als Formular mit mindestens 3 Betrachtungsobjektearten.

Ⓜ ZUSATZINHALT
Die Vorlage für das Formular Betrachtungsobjekteplan findest du im E-Book.

3 Projektstrukturplan (prozessorientiert) mit Meilensteinen

Der Projektstrukturplan (PSP) zeigt die **Tätigkeiten,** die zur Erzielung der gewünschten Ergebnisse (Leistungen) durchgeführt werden. Er ist das Herzstück der Projektplanung.

Der Projektstrukturplan ist die Gliederung des Projekts in plan- und kontrollierbare Teilaufgaben, sogenannte Arbeitspakete. Die Gliederung im Projektstrukturplan erfolgt prozessorientiert in Phasen. Aus dem Projektstrukturplan muss erkennbar sein, durch welche Aktivitäten die Teilergebnisse des Betrachtungsobjekteplans erreicht werden.

Der Projektstrukturplan bildet die Grundlage für die Ablauf-, Termin-, Kosten- und Ressourcenplanung. Er ist ein zentrales Kommunikationsinstrument im Projekt. Er stellt die zu erfüllenden Projektleistungen in zeitlich-logisch aufeinanderfolgenden Phasen dar und gibt Antwort auf die Frage: „Was muss getan werden, um die (Teil-)Ergebnisse zu erzielen?"

Mithilfe des phasenorientierten Projektstrukturplans kann man rechtzeitig erkennen, wenn das Projekt oder einzelne Teilaufgaben in Schwierigkeiten sind und erforderliche Maßnahmen einleiten.

Die **drei Ebenen des Projektstrukturplans** sind
1. das Projekt,
2. die Projektphasen (Hauptprozesse) in zeitlich-logischer Abfolge,
3. die Arbeitspakete (nach Betrachtungsobjekten).

Der Aufbau eines Projektstrukturplans lässt sich so darstellen:

EBENE 1	1 PROJEKT			
Ebene 2 ➜	1.1 Phase	1.2 Phase	1.3 Phase	1.4 Phase
Ebene 3 ⬇	1.1.1 Arbeitspaket	1.2.1 Arbeitspaket	1.3.1 Arbeitspaket	1.4.1 Arbeitspaket
	1.1.2 Arbeitspaket	1.2.2 Arbeitspaket	1.3.2 Arbeitspaket	1.4.2 Arbeitspaket
	1.1.3 Arbeitspaket	1.2.3 Arbeitspaket	1.3.3 Arbeitspaket	1.4.3 Arbeitspaket
	…	…	…	…

Die Codierung, d.h. Unternummerierung in Projekt – Phase – Arbeitspaket ist sehr praktisch. Man kann sich so sehr rasch und einfach im Projekt orientieren.

Hinweis: Phase 1.1 ist immer Projektmanagement!

Beispiel Winterfest: Für die Winter-Break-Party sieht die erste Phase des Projektstrukturplans auszugsweise so aus, da es das siebente Projekt im Schuljahr ist:

7 WINTER-BREAK-PARTY						
7.1 Projektmanagement	7.2 …	7.3 …	7.4 …	7.5 …	7.6 …	7.7 …
7.1.1 Projekt starten	7.2.1 …	7.3.1 …	7.4.1 …	7.5.1 …	7.6.1 …	7.7.1 …
7.1.2 Projekt koordinieren	7.2.2	7.3.2 …	7.4.2 ….	7.5.2 ….	7.6.2 …	7.7.2 …
7.1.3 Projekt controllen	7.2.3	7.3.3 ….	7.4.3 …	7.5.3 ….	7.6.3 …	7.7.3 …
7.1.4 Projektmarketing durchführen	…	…	…	…	…	…
7.1.5 Projekt abschließen	…	…	…	…	…	…

Tipps:

1. Am besten erarbeitet ihr den Projektstrukturplan im Team.
2. Nehmt euch euren Betrachtungsobjekteplan zur Hand und überlegt euch Arbeitspakete dazu. Schreibt die Arbeitspakete mit Plakatschreibern auf breite Post-its (12,5 cm × 7,5 cm) und klebt diese auf ein im Querformat verwendetes Flip-Chart-Papier. So bleibt euer Projektstrukturplan übersichtlich.
3. Der Projektstrukturplan soll nach Möglichkeit nicht mehr als 8 Phasen und 8 Arbeitspakete pro Phase haben.
4. Eine Phase sollte mindestens 3 Arbeitspakete beinhalten.
5. Wenn ihr die Hauptaufgaben aus dem Projektauftrag gut überlegt habt, ist es für euch leicht, die Hauptprozesse (Phasen) zu finden.
6. Die Nummern für die Codierung werden erst hinzugefügt, wenn man im Team überprüft hat, ob der Projektstrukturplan stimmig ist und nachvollzogen werden kann, wie das Projektergebnis entsteht.

Beispiel Winterfest: Anna und ihr Team listen nun alle Tätigkeiten auf Post-its auf, die sie durchführen müssen, um alle Teilergebnisse aus dem Betrachtungsobjekteplan zu erhalten. Da alle schon Erfahrungen mit privaten Geburtstagspartys, Hochzeits- und Jubiläumsfeiern und ähnlichen Schulveranstaltungen, wie Schulfest, Schulball etc., haben, fallen ihnen viele Tätigkeiten ein. Nun ist es nicht mehr allzu schwierig, die Tätigkeiten im Projektstrukturplan prozessorientiert, in logischer Reihenfolge sinnvoll anzuordnen. Zum Schluss wird noch einmal überprüft, ob alle gewünschten Teilergebnisse und Ergebnisse aufgrund des Projektstrukturplans tatsächlich entstehen können.

So ist das Team sicher, dass das Herzstück des Projektmanagements auch gut gelungen ist. Nach intensiver Arbeit und eingehender Beratung entsteht der auf S. 53 abgebildete Projektstrukturplan.

Ü 3.10 **PSP mit Codierung**

a) Erstellt den Projektstrukturplan mit Codierung für euer eigenes Projekt mithilfe von Flip-Chart-Papier und Post-its.
b) Übertragt den Projektstrukturplan in das digitale Dokument.

Um die **Grobstruktur** eines Projekts besser erkennen zu können, ist es günstig, auf Basis des Projektstrukturplans in etwa 5 bis 8 wesentliche **Meilensteine** zu bestimmen. Solche Meilensteine liegen am Ende wichtiger Arbeitspakete oder Phasen, bei Entscheidungen oder Vertragsterminen. Sie werden üblicherweise durch eine Raute dargestellt. Werden die Meilensteine digital mit einer Projektmanagement-Software erfasst, steht jeder Meilenstein in einer eigenen Zeile.

Markante Punkte für Meilensteine können sein: Abgabe eines Kostenvoranschlags an die Auftraggeberin/den Auftraggeber, Abstimmung des Konzepts mit der Auftraggeberin/dem Auftraggeber etc. Diese Meilensteine werden im Projektstrukturplan festgehalten.

Der erste Meilenstein hängt am Projektstart, der letzte Meilenstein ist immer der Projektabschluss. Beide liegen in der Phase 1 Projektmanagement.

Tipp: Man überlegt sich die Meilensteine vorerst, noch ohne an Termine zu denken.

7 Winter-Break-Party 20..

7.7 Fest durchführen

7.7.1 Besucher begrüßen!

7.7.2 Programm ablaufen lassen

7.7.3 Fotografieren

7.7.4 Fest beenden

 **ZUSATZINHALT**
Die Vorlage für den Projektstrukturplan findest du im E-Book.

Beispiel Winterfest: Für das Projekt Winter-Break-Party setzt das Team
8 Meilensteine. Der Projektstrukturplan mit Meilensteinen sieht so aus:

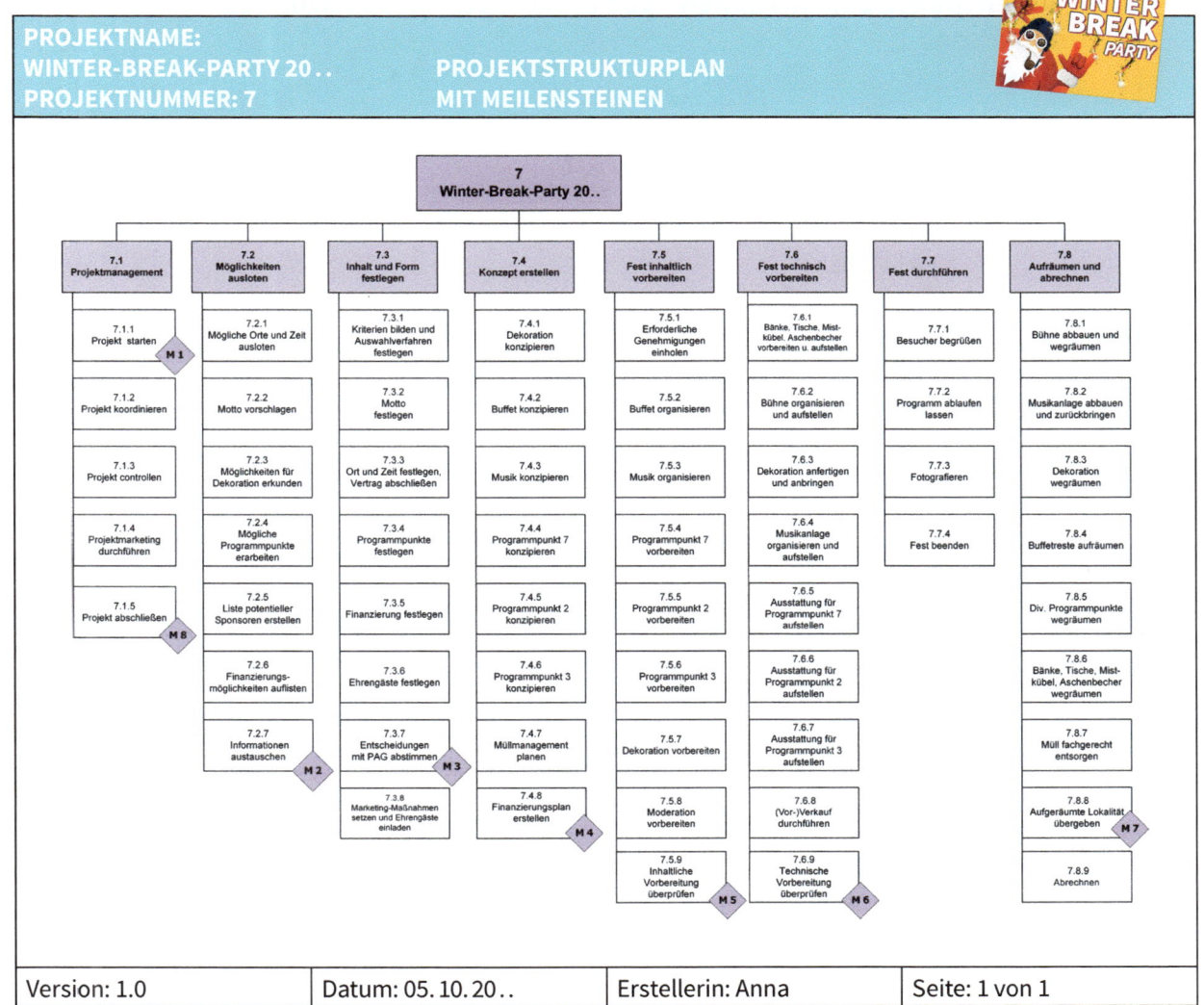

Version: 1.0	Datum: 05. 10. 20..	Erstellerin: Anna	Seite: 1 von 1

Tipp: Für die phasenweise Planung mithilfe von Projektmanagementsoftware
(z. B. GanttProject, Microsoft Project, ProjectLibre) ist es günstig, wenn die
Meilensteine am Ende einer Phase liegen (abgesehen von Meilenstein 1).

Ü 3.11 Meilensteine

Bestimmt für euer eigenes Projekt höchstens 8 Meilensteine und stellt sie auf dem
Projektstrukturplan dar.

④ Arbeitspaketspezifikationen

Bei sehr umfangreichen, besonders wichtigen und/oder heiklen
Arbeitspaketen ist es sinnvoll, sie genauer zu beschreiben. Diesem Bedürfnis
nach größerer Detailliertheit wird in Arbeitspaketbeschreibungen
(= Arbeitspaketspezifikationen) entsprochen.

 **LERNKARTE**

Arbeitspaketspezifikationen: Arbeitspaketspezifikationen müssen Ziele und Inhalte umfassen.

	BESCHREIBUNG
Ziel	Einheitliche Interpretation von Inhalten und Ergebnissen auch von umfassenden Arbeitspaketen Vermeidung von Überschneidungen Vermeidung von Lücken
Inhalt	Arbeitspaketinhalte Nicht-Inhalte Arbeitspaket-Ergebnisse Kriterien für die Messung des Leistungsfortschrittes
Form	Formular
Beispiel	Winter Break Party: 7.4.3 Musik konzipieren und 7.5.3 Musik organisieren müssen so formuliert werden, dass es weder zu Überschneidungen noch zu Lücken kommt

Beispiel Winterfest: Arbeitspaketspezifikation Winter-Break-Party

PROJEKTNAME:
WINTER-BREAK-PARTY 20..   **ARBEITSPAKETSPEZIFIKATION**
PROJEKTNUMMER: 7
AP-CODE: 7.8.6   **AP-BEZEICHNUNG: BÄNKE, TISCHE, MISTKÜBEL, ASCHENBECHER WEGRÄUMEN**

- Tische, Bänke zurückstellen
- weggeräumte Bühne, Musikanlage, Dekoration, Buffet, div. Programmpunkte abnehmen

Boden **AP-Inhalt** (Was soll getan werden?)
- Tische und Bänke abräumen und abwischen
- kehren
- Mistkübel entleeren
- Mistkübel zurückstellen

AP-Nicht-Inhalt (Was soll nicht getan werden?)
- Bänke, Tische, Mistkübel aufstellen
- Bühne, Musikanlage, Dekoration, Buffet, div. Programmpunkte wegräumen
- Müll fachgerecht entsorgen
- aufgeräumte Lokalität übergeben und abrechnen

AP-Ergebnisse (Was liegt nach Beendigung des Arbeitspakets vor?)
- aufgeräumte Lokalität
- geleerte Mistkübel
- zurückgestellte Tische, Bänke, Mistkübel

AP-Leistungsfortschrittsmessung (Wie wird der Fortschritt gemessen?)
Tische und Bänke abgeräumt und abgewischt	10%
Tische, Bänke zurückgestellt	50%
weggeräumte Bühne, Musikanlage, Dekoration, Buffet, div. Programmpunkte abgenommen	80%
Mistkübel zurückgestellt	100%

Version: 1.0	Datum: 05.10.20..	Erstellerin: Anna	Seite: 1 von 1

Der Projektstrukturplan und die ergänzenden Arbeitspaketspezifikationen ermöglichen:
- Klärung der Ziele und Inhalte je Arbeitspaket
- klare Aufteilung der Aufgaben
- Erkennen von Schnitt- bzw. Nahtstellen und somit Vermeiden von Doppelgleisigkeiten und Lücken
- Kontrolle, wann und wie gut die Arbeitspakete erfüllt wurden
- Herstellung von Verbindlichkeiten
- Orientierung für die Bewertung der Leistung der Teammitglieder

Ü 3.12 **Arbeitspaketspezifikation**

Erarbeite für zwei Arbeitspakete, für die du in eurem eigenen Projekt zuständig bist, die jeweilige Arbeitspaketspezifikation.

Die Vorlage für das Formular Arbeitspaketspezifikationen findest du im Standard-Projekthandbuch.
www.p-m-a.at

 **LERNKARTE**

Zusammenhang Meilensteine – Projektstrukturplan – Arbeitspaketspezifikationen:

Projektstrukturplan, Meilensteine und Arbeitspaketspezifikationen sollen das Projekt ordnen und strukturieren. Der Unterschied liegt in der Planungstiefe.

Ausgangspunkt ist der Projektstrukturplan, will man einen größeren Überblick („Vogelschauperspektive"), betrachtet man die Meilensteine. Will man mehr Genauigkeit, benötigt man Arbeitspaketspezifikationen („Lupenperspektive").

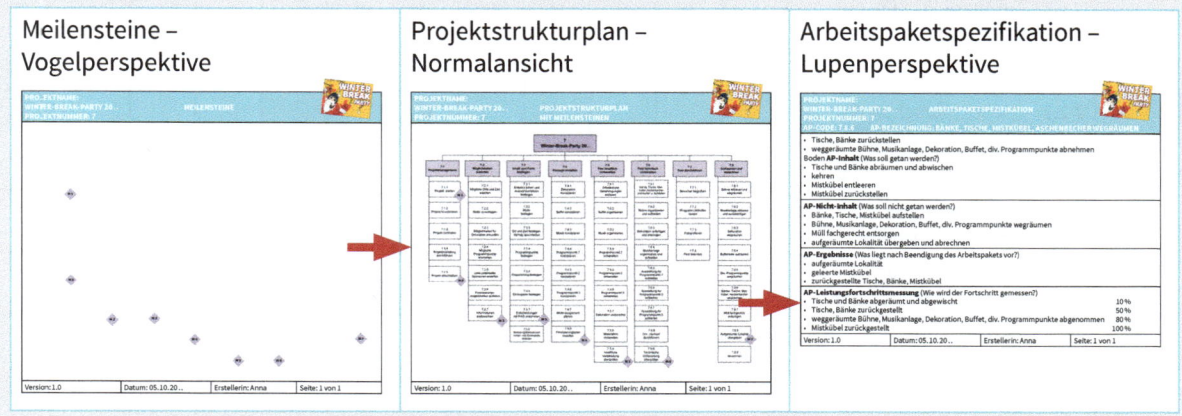

5 Projektfunktionendiagramm

Für jedes Arbeitspaket muss es eine verantwortliche Person geben. Das Funktionendiagramm ist ein Instrument zur Planung und Dokumentation der Aufgaben und **Verantwortlichkeiten.** Es wird als Tabelle dargestellt, in der die Zeilen die Arbeitspakete und die Spalten die Rollen und ausgewählte Umwelten abbilden.

Das Funktionendiagramm dient dem Konfliktmanagement, erleichtert Zielvereinbarungen und verbindet Projektstrukturplan und Rollendefinitionen. In den Kreuzungsfeldern der Matrix werden die wahrzunehmenden Funktionen dargestellt.

Hinweis: Manchmal wird der Begriff Verantwortungsmatrix für das Projektfunktionendiagramm verwendet.

Beispiel Winterfest: Einen Auszug aus dem Funktionendiagramm für die Winter-Break-Party siehst du hier.

PROJEKTNAME: WINTER-BREAK-PARTY 20.. PROJEKTNUMMER: 7		PROJEKTFUNKTIONENDIAGRAMM													

Rollen/Umwelten		Dir. Leiter	Anna	Lena	Lukas	Ayse	Alexander	Prof. Helfer	Martin	Bernd	Ulrike	Hannah	Willi	Schulwart	Anrainerinnen/Anrainer
	Arbeitspakete	PAG	PL	PTM	PTM	PTM	PTM	PC	PMA	PMA	PMA	PMA	PMA		
APNr.	AP-Bezeichnung														
7.1.1	Projekt starten	E	D	M	M	M	M	M						I	
7.1.2	Projekt koordinieren		D	M	M	M	M	M							
7.1.3	Projekt controllen		D	M	M	M	M	M							
7.1.4	Projektmarketing durchführen		D	M	M	M	M	M							
7.1.5	Projekt abschließen	E	D	M	M	M	M	M							
7.2.1	Mögliche Orte und Zeit ausloten			D	M	M					M				
7.2.2	Motto vorschlagen						D								
7.2.3	Möglichkeiten für Dekoration erkunden				D										
7.2.4	Mögl. Programm-punkte erarbeiten					D								I	
7.2.5	Liste potentieller Sponsoren erstellen				D	M				M					
7.2.6	Finanzierungs-möglichk. auflisten				M	D			M						
7.2.7	Infos austauschen	I	D	M	M	M	M	M							
Version: 1.0			Datum: 05.10.20..			Erstellerin: Anna					Seite: 1 von 1				

Legende:
PAG = Projektauftraggeber   PL = Projektleiterin
PTM = Projektteammitglied   PMA = Projektmitarbeiter/in
PC = Projektcoach   I = wird informiert
M = Mitarbeit   E = Entscheidung
D = Durchführung (für die Durchführung des Arbeitspaketes verantwortlich

ZUSATZINHALT
Das gesamte Funktionendiagramm findest du im E-Book.

Ü 3.13 Funktionendiagramm

Erstellt das Funktionendiagramm für euer eigenes Projekt.

PROJEKT MANAGEMENT AUSTRIA
member of IPMA

Die Vorlage für das Funktionendiagramm findest du im Standard-Projekthandbuch.
www.p-m-a.at

4 Termine festlegen

Terminplanung ist die Bestimmung der Zeitpunkte, zu welchen die (Teil-)Leistungen erstellt sein sollen sowie die Festlegung der Zeitdauer für die Arbeitspakete bzw. Projektphasen.

1 Übersicht: Arten der Terminplanung

Das einfachste Terminplanungsinstrument ist der Kalender. Zur Terminplanung in Projekten werden allerdings Meilensteinplan und Balkenplan eingesetzt.

Damit die Termine optimal festgelegt werden können, empfiehlt sich die Anwendung der **ALPEN-Methode.** Sie beinhaltet Regeln für das Zeitmanagement und schlägt folgende Vorgangsweise vor:

- **A**ktivitäten auflisten
- **L**änge schätzen
- **P**ufferzeiten einplanen
- **E**ntscheiden und
- **N**achkontrollieren

ZUSATZINHALT
Nähere Informationen zur Zeitplanung nach der ALPEN-Methode findest du im E-Book.

Beispiele: Hier findest du nun zwei Beispiele für Großbauprojekte – eines wurde im Zeitplan fertig, das andere nicht:

HAUPTBAHNHOF WIEN	FLUGHAFEN BERLIN BRANDENBURG

ZEITGERECHT	**VERZÖGERT**
Der neue Hauptbahnhof Wien und die dazugehörige BahnhofCity mit Einkaufszentrum wurden am 10. Oktober 2014 wie geplant eröffnet und er nahm auch wie vorgesehen am 13. Dezember 2015 seine volle Funktion als nationale, internationale und regionale Verkehrsdrehschreibe auf.	Der Termin für den Flugbetrieb am Flughafen Berlin Brandenburg „Willy Brandt" wurde seit Oktober 2007 mehrfach verschoben. Im Oktober 2015 war die Eröffnung des internationalen Flughafens für das vierte Quartal 2017 geplant.

Ü 3.14 Termine

a) Erzähle deiner Nachbarin/deinem Nachbarn, ob es für dich leicht oder schwierig ist, einen Termin pünktlich einzuhalten.

b) Berichte von einem Ereignis, wo du nicht rechtzeitig fertig wurdest, und nenne die Ursachen dafür.

c) Analysiert, welche „Tricks" ihr anwendet, um rechtzeitig fertig zu werden.

2 Projektmeilensteinplan

Bei der Planung der Termine muss man sich entscheiden, wie genau man vorgehen will (= Entscheidung über die Planungstiefe). Oft genügt eine Grobterminplanung in Form eines Meilensteinplans, manchmal müssen aber auch einzelne Arbeitspakete zeitlich durchgeplant werden. Da auch die Terminplanung mit möglichst wenig Aufwand erfolgen soll, gilt auch hier: **so genau wie nötig, so großzügig wie möglich.**

Einen Terminplan für die definierten Meilensteine nennt man **Projektmeilensteinplan.** Er zeigt, bis zu welchem Zeitpunkt die einzelnen (Teil-)Leistungen, die die Meilensteine ausdrücken, erbracht sein müssen.

Beispiel Winterfest: **Meilensteinplan**

PROJEKTNAME: WINTER-BREAK-PARTY 20.. PROJEKTNUMMER: 7	PROJEKTMEILENSTEINPLAN			
AP-Nr.	Meilenstein-Nr. Bezeichnung	Basisplan	Adaptierter Plan (Aktuelle Termine)	Ist-Termine
7.1.1	M1 Projekt gestartet	01.10.20..		
7.2.7	M2 Informationen ausgetauscht	14.10.20..		
7.3.8	M3 Entscheidungen mit PAG abgestimmt	30.10.20..		
7.4.9	M4 Finanzierungsplan erstellt	15.11.20..		
7.5.9	M5 Inhaltliche Vorbereitung überprüft	30.11.20..		
7.6.9	M6 Technische Vorbereitung überprüft	20.12.20..		
7.8.8	M7 Aufgeräumte Lokalität übergeben und abgerechnet	21.12.20..		
7.1.5	M8 Projekt abgeschlossen	15.01.20..		
Version: 1.0	Datum: 05.10.20..	Erstellerin: Anna		Seite: 1 von 1

Vorgangsweise zur Erstellung eines Projektmeilensteinplans:

1. Das Team plant die Termine der Meilensteine aus dem Projektstrukturplan und trägt diese in die Spalte „Basisplan" ein.
2. Weichen im Verlauf der Projektdurchführung die tatsächlichen Fertigstellungstermine („Ist-Termine") so stark ab, dass dies Auswirkungen auf weitere Termine hat, werden die neuen Plantermine in die Spalte „Adaptierter Plan" eingetragen.
3. Der Basisplan bleibt unverändert als „Ziel" erhalten. Er ist das Steuerungsinstrument beim Projektcontrolling.

Hinweis: Meilensteine werden in der Vergangenheit formuliert!

Tipps:

■ In Projektteams, in denen alle Teammitglieder, Projektmitarbeiterinnen und -mitarbeiter diszipliniert und termintreu arbeiten, reicht die zeitliche Fixierung von Meilensteinen aus.

■ Es ist empfehlenswert zu vereinbaren, dass Personen, die einen Termin versäumen, ab diesem Zeitpunkt für alle noch ausstehenden Arbeitspakete, für die sie verantwortlich sind, die Termine genau planen müssen.

■ Werden die Meilensteine in eine Software eingegeben, bekommen sie wie die Arbeitspakete eine eigene Codierung und weisen die Dauer Null auf.

Ü 3.15 Meilensteinplan

Erstellt den Meilensteinplan für euer Projekt.

Die Vorlage für den Projektmeilensteinplan findest du im Standard-Projekthandbuch.
www.p-m-a.at

 ③ Balkenplan

 **LERNKARTE**

Balkenplan: Der Balkenplan (oder auch das Gantt-Diagramm) stellt auch die Arbeitspakete dar.

Man kann auf ihm die Zeit ersehen, die für die Dauer der Tätigkeit benötigt wird. Es ist grafisch auch sofort ersichtlich, welche Tätigkeiten in welcher Reihenfolge, welche parallel durchgeführt werden können und welche Abhängigkeiten bezüglich Reihenfolge bestehen.

Beispiel Winterfest:

Das Projektteam erstellt für die Winter-Break-Party folgenden Balkenplan.

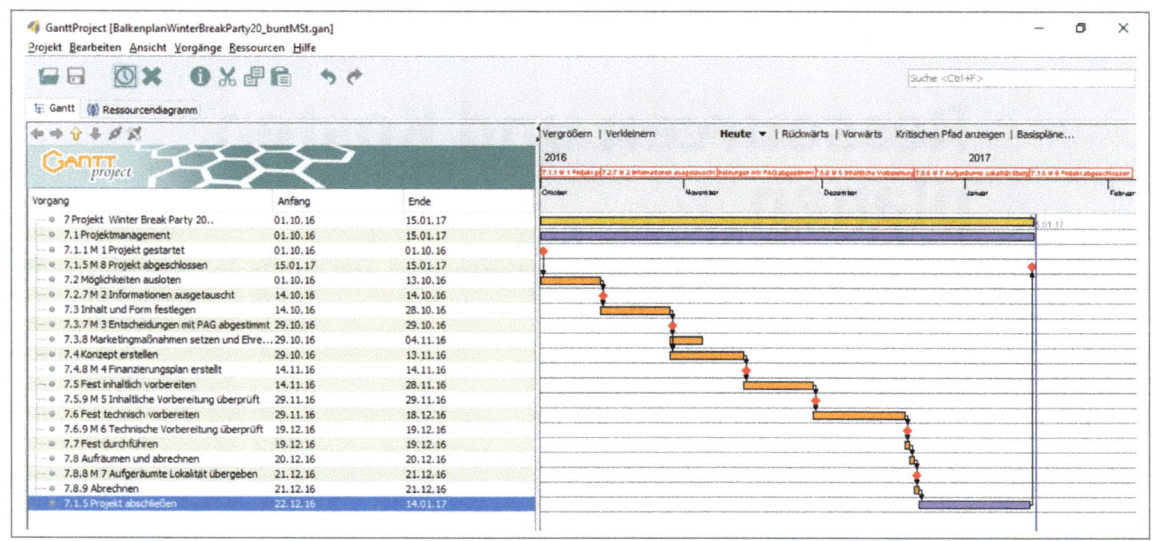

Dieser Balkenplan wurde mit der Software Gantt Project erstellt. Du kannst diese Software ebenso wie ProjectLibre kostenlos aus dem Internet downloaden. Auch Microsoft liefert mit Microsoft Project eine für Projektmanagement sehr brauchbare Software. Zu Testzwecken kannst du auch diese Software zeitlich beschränkt kostenlos downloaden.

Zur **Erstellung eines Balkenplans** gehst du so vor:

1. Ausgangsbasis ist der Projektstrukturplan.
2. Nun entscheidet man über die Planungstiefe – ganz genau oder grob (jeder Arbeitsschritt oder z. B. nach den Meilensteinen bzw. Projektphasen).

3. Arbeitspakete bzw. Projektphasen (Codierung und Bezeichnung) und Meilensteine werden in den Balkenplan eingetragen.

4. Dann wird die Dauer der Vorgänge geschätzt und die Termine für die Meilensteine ermittelt. Vorgegebene Termine werden eingetragen und die Dauer entsprechend angepasst.

5. Nun wird bei den Arbeitspaketen die Dauer im Zeitplan mit einem Balken markiert (deswegen auch der Name Balkenplan). Wird der Balkenplan auf der Ebene der Meilensteine durchgeführt, rechnet man die entsprechend dazugehörigen Arbeitspakete zeitmäßig zusammen.

6. Die Meilensteine werden mit einem Rhombus und dem entsprechenden Datum in der Zeitschiene markiert.

7. Nun kann man erkennen, wie viel Zeit für das Projekt benötigt wird und ob man den Endtermin einhalten kann.

Tipp: Es ist günstig, wenn sich die Meilensteine am Ende einer Phase befinden.

Ü 3.16 Balkenplan

Erstellt den Balkenplan für euer Projekt.

ZUSATZINHALT
Die Excel-Vorlage für den Projektbalkenplan findest du im E-Book.

5 Ressourcen und Kosten planen

Wenn die Projektziele klar sind, das Projekt abgegrenzt und der Projektkontext analysiert ist, erfolgt die detaillierte Leistungsplanung.

1 Übersicht: Ressourcen- und Kostenplanung

Bei jedem Vorhaben stellt sich die Frage, welche Ressourcen benötigt werden, wie hoch die Kosten sind und ob bzw. wie es finanziert werden kann.

Die Ressourcen- und Kostenplanung setzt sich zusammen aus dem **Personaleinsatzplan**, dem **Ressourcen- und Kostenplan** und dem **Finanzmittelplan**.

Ü 3.17 Ressourcen planen

Erstellt anhand der groben Projektplanung aus Kapitel 2, was ihr an Ressourcen (Art, Qualität und Quantität), Kosten und Finanzierung für euer Projekt benötigt.

ZUSATZINHALT
Die Vorlage für die Ressourcenliste findest du im E-Book.

PM+ **2** # Ressourcenplanung

Der Ressourcenplan stellt den **Bedarf an knappen Ressourcen** für das gesamte Projekt dar – je nach Detaillierungsgrad **pro Arbeitspaket oder pro Projektphase.** Ziel der Planung des Ressourcenbedarfs ist die Feststellung einer eventuell gegebenen projektbezogenen **Über- bzw. Unterdeckung** der Projektressourcen.

Typische Projektressourcen sind Personal, Räumlichkeiten, Materialien, Geräte, Maschinen, Produktionsflächen, Lagerflächen und Finanzmittel.

Die geplanten Leistungen bedingen den Ressourceneinsatz. Die Planung des Ressourceneinsatzes erfolgt – wie die Terminplanung – auf Basis des prozessorientierten Projektstrukturplans. Dadurch können Engpässe gut erkannt werden.

Der Projektressourcenplan kann in tabellarischer und/oder grafischer Form dargestellt werden. Projektressourcenhistogramme zeigen den Ressourcenbedarf je Periode, Ressourcensummenkurven zeigen den kumulierten Ressourcenbedarf.

Die Ressourcenplanung erfolgt zumindest für jene Ressourcen, die einen Engpass darstellen, und zumindest je Phase des Projektstrukturplans.

Zur Ressourcenkontrolle und -steuerung sieht man die entsprechenden Spalten (Planmenge, adaptierte Planmenge, Istmenge, Abweichung) bereits bei der Projektplanung vor, auch wenn zu diesem Zeitpunkt nur die Plandaten zur Verfügung stehen. **Achtung:** Die Ist-Stunden des Personaleinsatzplans müssen mit den Ist-Stunden der Tätigkeitsberichte übereinstimmen.

Beispiel Winterfest: Das Projektteam hat für die Ressource Personal den folgenden Personaleinsatzplan erarbeitet (Hinweis: In diesem Projekt ist es sinnvoll, in Personenstunden zu planen, meist wird aber mit Personentagen gearbeitet.):

PROJEKTNAME: WINTER-BREAK-PARTY 20.. PROJEKTNUMMER: 7		PERSONALEINSATZPLAN				
PSP-Code	Phase/Arbeitspaket	Ressourcenart	Planmenge in PH	Adaptierte Planmenge in PH	Istmenge in PH	Abweichung in PH
7.1	Projektmanagement	PC PL PTM	10 18 52 : 80			
7.2	Möglichkeiten ausloten	PC PL PTM	1 9 25 : 35			
7.3	Inhalt und Form festlegen	PC PL PTM	2 8 20 : 30			
7.4	Konzept erstellen	PC PL PTM PMA	2 8 30 5 : 45			
7.5	Fest inhaltlich vorbereiten	PC PL PTM PMA	2 8 20 15 : 45			
7.6	Fest technisch vorbereiten	PC PL PTM PMA	2 10 68 20 : 100			

PSP-Code	Phase/Arbeitspaket	Ressourcenart	Planmenge in PH	Adaptierte Plan-menge in PH	Istmenge in PH	Abweichung in PH
7.7	Fest durchführen		5 5 20 5	35		
7.8	Aufräumen und abrechnen	PC PL PTM PMA	15	15		
	Gesamt	**PC** **PL** **PTM** **PMA**	**24** **66** **250** **45**	**385**		

Version: 1.0	Datum: 05.10.20..	Erstellerin: Anna	Seite: 1 von 1

Legende:
PH = Personenstunden   PTM = Projektteammitglied
PL = Projektleiterin/Projektleiter   PC = Projektcoach

Ü 3.18 Personaleinsatzplan

Erstellt den Personaleinsatzplan für euer Projekt.

Die Vorlage für den Personaleinsatzplan findest du im Standard-Projekthandbuch.
www.p-m-a.at

③ Kostenplan

Projektkostenpläne dienen der Erfassung und Dokumentation der im Projekt eingesetzten Finanzmittel und der Projektkosten. Sie liefern Entscheidungsgrundlagen darüber, welche Budgetmittel für das Projekt erforderlich sind.

Ausgangspunkt sind die Phasen bzw. Arbeitspakete des Projektstrukturplans. Die Gliederung der Projektkostenplanung muss der Gliederung des Projektstrukturplans entsprechen, um eine integrierte Projektplanung und ein integriertes Projektcontrolling zu ermöglichen.

Es ist sinnvoll, die Projektkosten in die Kostenarten Personal, Material, Fremdleistungen und Sonstige zu gliedern. Zur Kostenkontrolle und -steuerung sieht man die entsprechenden Spalten (Plankosten, adaptierte Plankosten, Ist-Kosten, Kostenabweichung) bereits bei der Projektplanung vor, auch wenn zu diesem Zeitpunkt nur die Plandaten zur Verfügung stehen.

Beispiel Winterfest: Der Kostenplan für die Winter-Break-Party sieht so aus:

PROJEKTNAME: WINTER-BREAK-PARTY 20.. KOSTENPLAN PROJEKTNUMMER: 7						
Phase		**Kostenart**	**Kosten**			
Code	Bezeichnung	Benötigte Ressourcen	Plankosten	Adaptierte Plankosten per ...	Ist-Kosten	Kostenab-weichung
7.1	Projektmanagement	Personal	560,–[1]			
		Material	38,–[2]			
		Fremdleistungen				
		Sonstige				
		Summe	598,–			
7.2	Möglichkeiten ausloten	Personal	245,–[1]			
		Material				
		Fremdleistungen				
		Sonstige				
		Summe	245,–			

Phase		Kostenart	Kosten			
Code	Bezeichnung	Benötigte Ressourcen	Plankosten	Adaptierte Plankosten per ...	Ist-Kosten	Kostenab-weichung
7.3	Inhalt und Form festlegen	Personal	210,–[1]			
		Material				
		Fremdleistungen				
		Sonstige				
		Summe	210,–			
7.4	Konzept erstellen	Personal	315,–[1]			
		Material				
		Fremdleistungen				
		Sonstige				
		Summe	315,–			
7.5	Fest inhaltlich vorbereiten	Personal	315,–[1]			
		Material	200,–			
		Fremdleistungen				
		Sonstige				
		Summe	515,–			
7.6	Fest technisch vorbereiten	Personal	700,–[1]			
		Material	100,–			
		Fremdleistungen				
		Sonstige				
		Summe	800,–			
7.7	Fest durchführen	Personal	245,–[1]			
		Material				
		Fremdleistungen	500,–			
		Sonstige				
		Summe	745,–			
7.8	Aufräumen und abrechnen	Personal	105,–[1]			
		Material				
		Fremdleistungen				
		Sonstige				
		Summe	105,–			
	Gesamt	Personal	2.695,–[1]			
		Material	338,–			
		Fremdleistungen	500,–			
		Sonstige				
		Summe	3.533,–			
		Summe ausgabewirksam	838,–			
		Summe für die Schule ausgabewirksam	38,–[2]			
		Summe nicht ausgabewirksam	2.695,–[1]			
Version: 1.0		Datum: 05. 10. 20 ..	Erstellerin: Anna		Seite: 1 von 1	

Legende: [1] = nicht ausgabewirksam   [2] = für die Schule ausgabewirksam

Ü 3.19 Kostenplan

Erstellt den Kostenplan für euer Projekt.

 ZUSATZINHALT
Die Vorlage für den Projektkostenplan findest du im Standard-Projekthandbuch. Zusätzlich gibt es im E-Book auch eine Excel-Vorlage.

Bei Engpassressourcen bzw. wenn eine genaue Planung, Kontrolle und Steuerung der Mengen und der Preise gewünscht ist, empfiehlt es sich, die Mengen und Preise gesondert auszuweisen und einen Ressourcen- und Kostenplan zu erstellen.

Beispiel Winterfest: In diesem Fall sieht der Ressourcen- und Kostenplan für die Winter-Break-Party so aus:

PROJEKTNAME: WINTER-BREAK-PARTY 20.. PROJEKTNUMMER: 7		RESSOURCEN- UND KOSTENPLAN				
Phase bzw. Arbeitspaket		**Ressourcenbedarf**		**Kosten in €**		
AP-Code	**Bezeichnung**	**Benötigte Ressourcen**	**Einheit**	**Menge**	**Preis je Einheit**	**Gesamt-kosten**
7.1	Projektmanagement					
		Personal	PH	80	7,–	560,– [1]
		Papier	Paket	2	4,–	8,– [2]
		Flip-Chart-Papier	Rolle	1	20,–	20,– [2]
		Büro- und Schreibmaterial				10,– [1]
7.2	Möglichkeiten ausloten	Personal	PH	35	7,–	245,– [1]
7.3	Inhalt und Form festlegen	Personal	PH	30	7,–	210,– [1]
7.4	Konzept erstellen	Personal	PH	45	7,–	315,– [1]
7.5	Fest inhaltlich vorbereiten	Personal	PH	45	7,–	315,– [1]
		Buffet				200,– [2]
7.6	Fest technisch vorbereiten	Personal	PH	100	7,–	700,– [1]
		Dekorationsmaterial				50,– [2]
		Div. Programmpunkte				50,– [2]
7.7	Fest inhaltlich durchführen	Personal	PH	35	7,–	245,– [1]
		Musik und -anlage				500,– [2]
7.8	Aufräumen	Personal	PH	15	7,–	105,– [1]
	Gesamt	Personal	PH	385	7,–	2.695,– [1]
	Aufräumen	Personal	PH	15	7,–	105,– [1]
	Aufräumen	Personal	PH	15	7,–	105,– [1]
		Papier	Paket	2	4,–	8,– [2]
		Büro- und Schreibmaterial				10,– [1]
		Buffet				200,– [2]
		Dekorationsmaterial				50,– [2]
		Div. Programmpunkte				50,– [2]
		Musik und -anlage				500,– [2]
Summe						3.533,–
Summe ausgabewirksam						838,–
Summe für die Schule ausgabewirksam						38,–
Summe nicht ausgabewirksam						2.695,–
Version: 1.0 Datum: 05.10.20..				Erstellerin: Anna		Seite: 1 von 1

Legende: [1] = nicht ausgabewirksam   [2] = für die Schule ausgabewirksam

Um für ein Projekt die Kosten, die die Projektauftraggeberin/der Projektauftraggeber tragen muss, und die Gesamtkosten des Projekts richtig einschätzen zu können, werden alle Kosten kalkuliert. Kosten des Projekts, die nicht unmittelbar zu Ausgaben führen, werden als nicht ausgabewirksam angemerkt.

Zur Kalkulation der Personalkosten nimmt man gewöhnlich einen Durchschnittskostensatz. Auch im Projektauftrag werden die ausgabewirksamen und nicht ausgabewirksamen Kosten getrennt ausgewiesen.

Schulprojekte werden von der Direktion meist nur genehmigt, wenn das Projekt für die Schule keine zusätzlichen bzw. nur sehr geringe Kosten verursacht. Kosten, die ausgabewirksam sind und von der Schule übernommen werden, werden als „für die Schule ausgabewirksam" ausgewiesen. Andere ausgabewirksame Kosten müssen durch das Projekt erwirtschaftet werden.

ZUSATZINHALT
Die Excel-Vorlage für den kombinierten Ressourcen- und Kostenplan findest du im E-Book.

Ü 3.20 Ressourcen- und Kostenplan

Erstellt den Ressourcen- und Kostenplan für euer Projekt.

PM+ **4** # Finanzmittelplan

Ein Finanzmittelplan ist eine tabellarische und/oder grafische Darstellung des zeitlichen Anfalls der projektbezogenen Auszahlungen und Einzahlungen. Er dient der projektbezogenen Liquiditätsplanung. Grundlage für die Planung der Auszahlungen und Einzahlungen im Projekt ist der Projektstrukturplan.

Nicht selten stellen Finanzmittel eine Engpassressource eines Projekts dar. Für den Finanzmittelbedarf ist unter Umständen projektbezogen vorzusorgen. In einem solchen Fall ist es wichtig, die projektbezogenen Finanzmittel zu planen. Durch den Finanzmittelbedarf verursachte Kosten für Zinsen sollten als kalkulatorische Kosten des Projekts berücksichtigt werden.

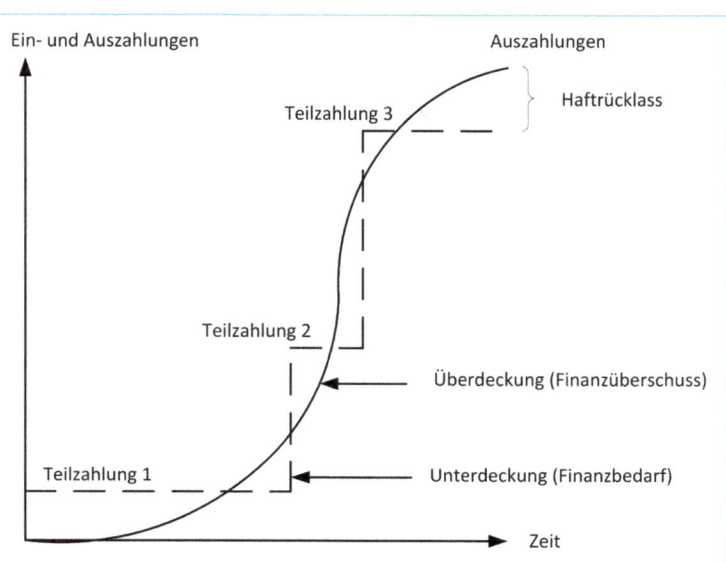

Ziel der Planung von Projektfinanzmitteln ist die projektbezogene Liquiditätsplanung. Durch die Berechnung von Zahlungsüberschüssen bzw. Unterdeckung je Periode kann der Bedarf bzw. die Verfügbarkeit von Finanzmitteln geplant werden.

Als Formular ist der Finanzmittelplan etwas einfacher darstellbar, es ist aber etwas schwieriger, die Über- und Unterdeckungen auf einen Blick zu erkennen.

Beispiel Winterfest: Das Team erstellt für die Winter-Break-Party folgenden Finanzmittelplan:

PROJEKTNAME: WINTER-BREAK-PARTY 20.. PROJEKTNUMMER: 7	FINANZMITTELPLAN						
PSP-Code	**Phase/Arbeitspaket**	**Termin**			**Zahlungsstrom**		
		Basis-plan	**Adapt. Plan per …**	**Ist-Plan**	**Basisplan**	**Adapt. Plan per …**	**Ist-Plan**
7.1	Projektmanagement	01.10.20..			– 38,– (wird von Schule bezahlt)		
7.4.8	Sponsorenangebot und Finanzierungsplan erstellen	15.11.20..			500,– („Kredit" von Elternverein)		

PSP-Code	Phase/Arbeitspaket	Termin			Zahlungsstrom		
		Basis-plan	Adapt. Plan per ...	Ist-Plan	Basisplan	Adapt. Plan per ...	Ist-Plan
7.5.2	Buffet organisieren	30.11.20..			– 250,–		
7.5.4							
7.5.5							
7.5.6	Div. Programmpunkte vorbereiten	30.11.20..			– 50,–		
7.5.7	Dekoration vorbereiten	30.11.20..			– 50,–		
7.6.8	(Vor-)Verkauf durchführen (Teil 1)	19.12.20..			500,–		
7.6.4	Musikanlage organisieren und aufstellen	20.12.20..			– 500,–		
7.6.8	(Vor-)Verkauf durchführen (Teil 2)	20.12.20..			500,–		
Version: 1.0	Datum: 05.10.20..			Erstellerin: Anna		Seite: 1 von 1	

Ü 3.21 Finanzmittelplan

Erstellt den Finanzmittelplan für euer Projekt.

ZUSATZINHALT
Die Excel-Vorlage für den Finanzmittelplan findest du im E-Book.

6 Risiken und Chancen analysieren

Ein Merkmal der meisten Projekte ist, dass sie riskant sind. Projektrisiken sind potenzielle Bedrohungen für den Projekterfolg. Projektchancen können das Projekt positiv beeinflussen.

1 Übersicht: Methoden der Risiko- und Chancenanalyse

Durch sorgfältige Projektrisikoanalyse und gekonntes Risikomanagement gelingt es, die Projektrisiken so gering wie möglich zu halten.

Risiken und Chancen im Projekt kannst du mittels **Risiko- bzw. Chancenportfolio, Ishikawa-Diagramm** oder **Projektrisikoanalyse** analysieren.

Aufgaben des Projektrisikomanagements sind
- die Identifizierung, Bewertung und Priorisierung des Risikos,
- die Planung und Durchführung von Präventivmaßnahmen (zur Vermeidung, Verminderung, Überwälzung),
- die Planung und Durchführung von Korrektivmaßnahmen,
- Risikocontrolling,
- Risikodokumentation.

Man kann folgende **Arten von Risiken** unterscheiden:

- Risiken hinsichtlich Technik
- Recht
- Natur
- Wirtschaft
- Lieferanten
- Kunden
- sonstige Umwelten
- usw.

Nicht zu vergessen ist auf **Chancen.** Das sind positive Signale, Auswirkungen und Multiplikatoren im aktuellen Projekt. Die folgenden Beschreibungen unterstützen bei der frühen Erfassung.

Das Risikomanagement in Projekten ist eine Projektmanagementfunktion. Der Einsatz von Projektmanagementmethoden soll dazu beitragen, Projektrisiken zu erkennen.

Ü 3.22 Chancen und Risiken

Listet mögliche Chancen und Risiken für euer Projekt auf. Die vorhin genannten Arten helfen beim Auswählen. Auch der Einsatz von Kreativitätstechniken ist hier hilfreich.

PM+ 2 Risikoportfolio/Chancenportfolio

Das **Risikoportfolio** (es kann natürlich genauso gut für **Chancen** eingesetzt werden) ist ein hilfreiches Tool zur Auswahl jener Risiken oder Chancen, die mit der größten Wahrscheinlichkeit und Auswirkung auftreten.

Um die Grafik zu erhalten, müssen die einzelnen Risiken oder Chancen anhand der folgenden Kategorien in eine Matrix eingetragen werden.

KATEGORIEN FÜR DIE AUSWIRKUNGEN		
unbedeutend	keine Budgetbelastung	Verletzung ohne Arbeitsausfall
gering	in der Jahresabrechnung kaum ersichtlich	Verletzung mit vorübergehendem Arbeitsausfall
spürbar	sichtbare Verminderung des Jahresgewinns	Verletzung mit leichten, bleibenden Gesundheitsschäden
kritisch/groß	Jahresgewinn wird aufgezehrt	Verletzung mit schweren, bleibenden Gesundheitsschäden
katastrophal	Eigenkapital wird angegriffen, mehrere Jahresgewinne werden aufgezehrt	Todesfall

KATEGORIEN FÜR DIE WAHRSCHEINLICHKEITEN	
unwahrscheinlich	1 × in 100 Jahren; 1 % Jahreswahrscheinlichkeit
sehr selten	1 × in 33 Jahren; 3 % Jahreswahrscheinlichkeit
selten	1 × in 10 Jahren; 10 % Jahreswahrscheinlichkeit
möglich	1 × in 3 Jahren; 33 % Jahreswahrscheinlichkeit
häufig	1 × in 2 Jahren; 50 % Jahreswahrscheinlichkeit

Beispiel Winterfest: Da die Winter-Break-Party im Schulgebäude durchgeführt werden soll, werden nun die Risiken in der Schule ganz allgemein bewertet. Es ergibt sich daraus folgendes Risikoportfolio:

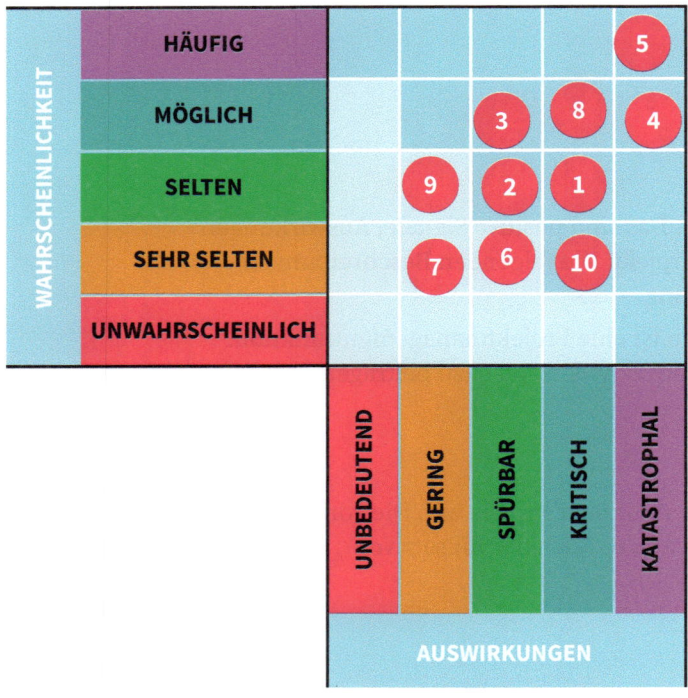

1 Reaktorunfall

2 Brandfall im Gebäude

3 Bombendrohung

4 Kriminelle Handlung durch Schüler/innen oder Lehrer/innen

5 Suizid von Schülerinnen/Schülern oder Lehrerinnen/Lehrern

6 Seuchen, Epidemien

7 Erdbeben, Hochwasser

8 Unfälle im Schulgebäude und -gelände

9 Freisetzen von gefährlichen Stoffen

10 Explosion

Ü 3.23 Risiko-/Chancenportfolio

Erstellt für euer Projekt ein Risiko- und/oder Chancenportfolio für die in **Ü 3.22** gefundenen Arten.

ⓜ ZUSATZINHALT
Die Excel-Vorlage für ein Chancen- und Risikoportfolio findest du im E-Book.

PM+ ③ # Ishikawa-Diagramm

Das Ursache-Wirkungs-Diagramm wird wegen seines Aussehens auch Fischgräten-Diagramm oder nach seinem japanischen Erfinder Ishikawa-Diagramm genannt. Nach Ishikawa beruht eine bestimmte Wirkung selten auf einer einzigen Ursache, schon gar nicht auf der, die auf der Hand zu liegen scheint. Vielmehr sind mögliche Ursachen meist in den folgenden vier Feldern zu suchen:

- Mensch (Wer verrichtet die Arbeit?)
- Maschinen (Einrichtungen)
- Methode (wie man die Arbeit erledigt)
- Material (Komponenten oder Rohmaterial)

Das Ishikawa-Diagramm versucht die Ursachen, nicht die Symptome eines Problems oder Zustands zu finden und zu beseitigen. Bei der praktischen Anwendung hat man die Wahl, eigene Felder (Hauptursachen) zu definieren, um dem jeweils zu untersuchenden Problem gerecht zu werden. So können als weitere M Mitwelt und Management hinzugefügt werden.

Es empfiehlt sich folgende **Vorgangsweise:**

- Die Problemformulierung soll in einem Kasten an der rechten Seite eines Flipchart- oder Packpapierblatts bzw. einer großen Tafel notiert werden.
- Im nächsten Schritt werden die Hauptursachen zumeist mit Mensch, Maschine, Methode und Material festgelegt und somit als Fischgräten eingezeichnet.

- Dann werden diesen Hauptursachen, z. B. mittels Brainstorming, Neben-ursachen zugeordnet.
- Aus dem Diagramm können dann durch Bewertung der Einzelursachen, z. B. mittels Punkten, Schwerpunkte herausgearbeitet werden, sodass bezüglich der Fehlerbehebung Prioritäten gesetzt werden können.
- Aus den erhaltenen Ergebnissen wird die optimale Lösung ausgewählt und in die Praxis umgesetzt.

Beispiel Winterfest: Für das mögliche Problem „falsche Lieferung für das Buffet" entwickelt das Team das folgende Ishikawa-Diagramm:

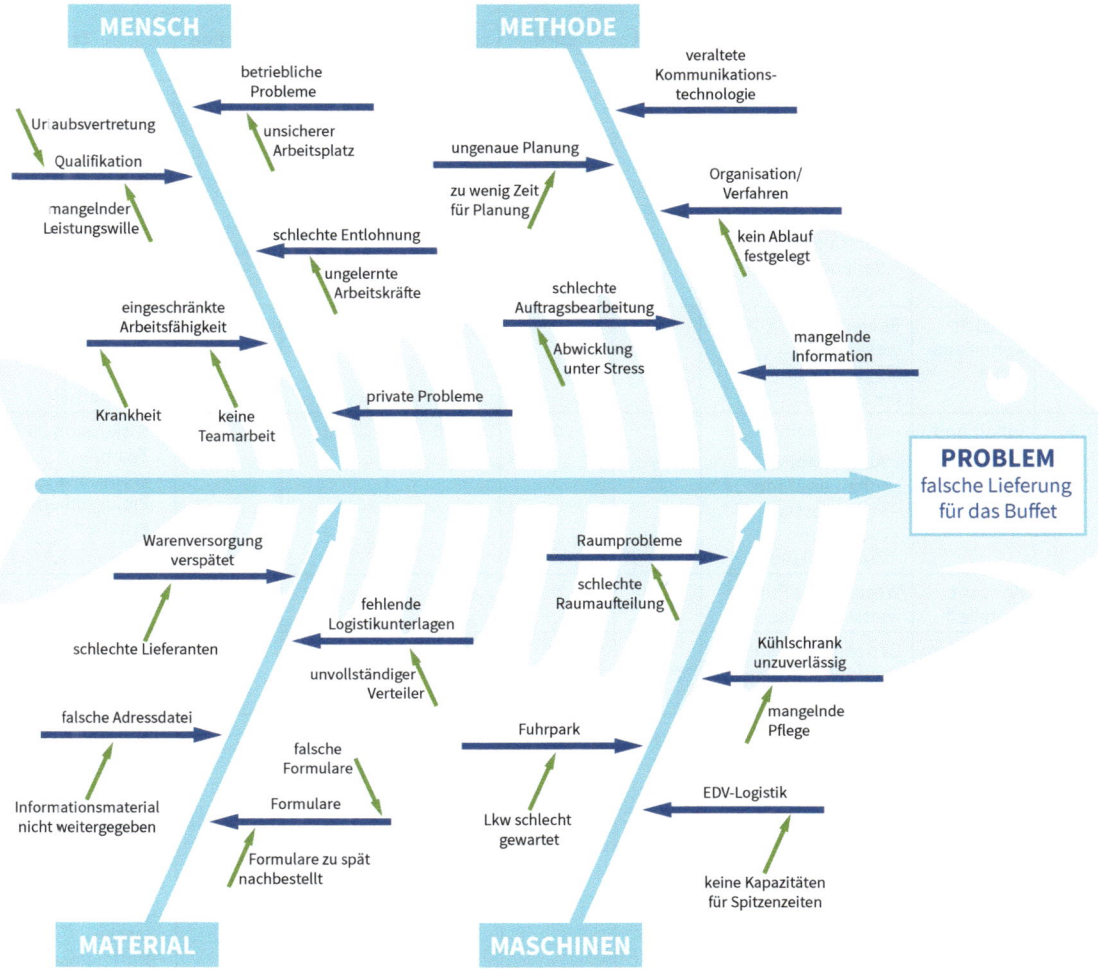

Ü 3.24 Ishikawa-Diagramm

Erstellt für euer Projekt für das bedeutendste Risiko aus dem Risikoportfolio ein Ishikawa-Diagramm und sucht die wichtigste Ursache für das Problem heraus.

4 Projektrisikoanalyse/ Projektchancenanalyse

In der Tabelle Projektrisikoanalyse werden nicht nur systematisch mögliche Risiken aufgelistet, sondern diese auch bewertet und Risikowerte (Risiko-kosten mal Eintrittswahrscheinlichkeit) berechnet. Außerdem weist dieses Werkzeug zugeordnete Maßnahmen und Risikominimierungskosten auf. Damit ist es umfassend verwendbar.

Diese Übersicht lässt sich auch für Chancen in der umgekehrten Betrachtungsweise verwenden.

Beispiel Winterfest: Das Team analysiert die Projektrisiken entlang der Projektphasen und stellt sie wie folgt dar.

PROJEKTNAME: WINTER-BREAK-PARTY 20.. PROJEKTNUMMER: 7		PROJEKTRISIKOANALYSE							
PSP-Code	AP-Bezeich-nung	Risiko-beschreibung, Ursache	Priori-tät	Risiko-kosten	Eintritts-wahr-schein-lichkeit	Risiko-wert	Verzöge-rung	Präventive und korrektive Maßnahmen	Risiko-mini-mie-rungs-kosten
Code	Text	Text	Aus-wahl 1, 2, 3	Euro	Prozent	Euro	Wochen	Text	Euro
7.1	Projekt-manage-ment	• mangelhafte Projekt-organisation • unklare Projektrollen • kein gemeinsames Verständnis von der Form der Kooperation	3 3 3	0	30	0	4	• Schulung Projekt-management • Diskussion der Rollenbe-schreibungen, der Kooperation	
7.2	Möglich-keiten aus-loten	Es werden wesentliche Möglichkeiten nicht erkannt.	2	0	20	0	0	• Kreativitäts-techniken einsetzen • Teamarbeit	
7.3	Inhalt und Form fest-legen	• Uneinigkeit • Ausgewählter Inhalt und/oder Form passen nicht zum Zielpublikum.	3 3	200	10	20	0	• Diskussion im Team • Wünsche des Zielpublikums erheben	
7.4	Konzept erstellen	Wesentliche Punkte werden übersehen.	3	0	10	0	0	Checklisten erstellen	0
7.5	Fest inhalt-lich vor-bereiten	Genehmigungen werden nicht erteilt.	3	100	10	10	0	Checklisten erstellen	10
7.6	Fest tech-nisch vor-bereiten	Bühne und/oder Musikanlage steht nicht zur Verfügung.	3 3	100	20	20	1	• verbindliche Zusagen erwirken • Notplan erstellen	1.000
7.7	Fest durch-führen	• Technik funktioniert nicht. • Programmpunkte können nicht durchgeführt werden. • Buffet mangelhaft • schlechter Moderator	3 2 2 2	200	20	40	0	• Ersatz vorsorgen • Programmpunkte gut planen/weg-lassen • Buffet genau organisieren • richtige Auswahl, schulen, 2. Moderator bestimmen	0
7.8	Aufräumen und ab-rechnen	• Es wird nicht ordentlich weggeräumt. • Es werden Schäden reklamiert. • Probleme bei der Abrechnung	2 2 2	300	20	60	1	• genauen Aufräum-plan erstellen • Versicherungs-möglichkeiten prüfen, Ordnungsdienst einteilen • Abrech-nungsverant-wortlichen definieren	50
Version: 1.0	Datum: 05.10.20..		Erstellerin: Anna					Seite 1 von 1	

Legende: 1 = niedrig, 2 = mittel, 3 = hoch

Ü 3.25 Projektrisikoanalyse

Erstellt für euer Projekt eine Projektrisikoanalyse.

 **ZUSATZINHALT**

Die Vorlage für die Projektrisikoanalyse findest du im Standard-Projekthandbuch. Zusätzlich gibt es auch eine Excel-Vorlage im E-Book.

7 Projektkultur entwickeln

Unter Projektkultur versteht man die Gesamtheit der Werte und Regeln eines Projekts. Die Projektkultur umfasst die im Projekt gewünschten bzw. tolerierten Verhaltensweisen, Kommunikationsformen und Arbeitsweisen sowie die Planungs- und Controllingmethoden.

1 Übersicht: Projektkultur

Die für jedes Projekt spezifische Kultur unterscheidet sich von der übrigen Unternehmenskultur, wird aber auch von ihr beeinflusst.

Zur Entwicklung der Projektkultur ist es notwendig, **Spielregeln** aufzustellen, eine **Kommunikationsstruktur** zu entwickeln und **Organisationsmittel der Kommunikation** zu etablieren.

Projektabgrenzung und Projektkontextanalyse werden für drei Dimensionen durchgeführt: zeitlich, sachlich und sozial.

Ü 3.26 Soziale Systeme

a) Jeder Mensch befindet sich in verschiedenen sozialen Systemen mit teilweise unterschiedlichen Regeln und Normen. Analysiere, welche wichtigen Regeln und Normen in folgenden sozialen Systemen hinsichtlich Pünktlichkeit, Grüßen, Verlässlichkeit etc. beachtet werden:

- in deiner Familie
- in deinem Freundeskreis
- in der Klasse
- im Sportverein, Chor, in der Jugendgruppe …

b) Besprecht im Team, welche Faktoren auf das Klassenklima positiv wirken und folgert daraus, ob bzw. inwieweit das Klassenklima den Lernerfolg beeinflusst.

2 Elemente der Projektkultur und Organisationsmittel

Da ein Projekt ein eigenständiges soziales System ist, hat es eine für dieses Projekt spezifische Kultur. Es gelten in diesem Projekt besondere Werte, Normen und Regeln.

Die Projektkultur sollte man nicht dem Zufall überlassen. Vielmehr empfiehlt es sich, im Projektstartprozess festzulegen, welche Werte und Regeln im Projekt gelten sollen.

Die Projektkultur gehört neben den Beziehungen, der Projektorganisation und den Projektrisiken zu den Soft Facts eines Projekts und trägt entscheidend zum Projekterfolg bei. Viele Projekte scheitern nicht an den sogenannten Hard Facts (Ziele, Leistungen, Termine, Ressourcen, Kosten), sondern an einer mangelhaften Beachtung der Soft Facts.

Eine eigenständige Projektkultur ist speziell durch folgende **Elemente** gekennzeichnet:
- eigener Projektraum (→ schafft gute organisatorische Rahmenbedingungen)
- eigene Sprache (→ stärkt Wir-Gefühl, Expertensprache erleichtert Kommunikation)
- organisatorische Spielregeln (→ schaffen Sicherheit, verhindern Chaos)
- Episoden und Anekdoten (→ identitätsstiftend)

Verstärkt werden diese Kulturelemente durch eigenständige Organisationsmittel, wie Projekthandbuch, projektspezifische Regeln, eigenes Projektabrechnungssystem oder eigenes EDV-System.

Die wichtigsten **Schritte** zur Entwicklung einer Projektkultur sind
- Entwicklung eines Projektnamens,
- Entwicklung eines Projektlogos,
- Schaffung eines Projektleitbilds,
- projektspezifische „soziale" Veranstaltungen, wie z. B. eine „Projektjause", ein „Projektausflug" etc.

Projektleitbild, Logos, ein geeigneter Projekttitel und projektspezifische Veranstaltungen fördern die Identifikation des Projektteams mit dem Projekt. Projektname und -logo müssen auf jedem Schriftstück aufscheinen und sollten so früh wie möglich festgelegt werden.

Die eigenständige Kultur des Projekts kann jedoch auch zu massiven Problemen mit den übrigen Mitgliedern der Stammorganisation führen.

Die Projektleiterin/Der Projektleiter kann die Entwicklung einer günstigen Projektkultur insbesondere durch folgende **Maßnahmen** beeinflussen:
- richtige Wahl der Teammitglieder
- konsequentes Vorleben der angestrebten Werte von Anfang an, Vermittlung eigener Werte
- Abgrenzung zu Kulturen der sozialen Umwelt in den Teamsitzungen ansprechen
- „Teamgeschichte: Personen und Ereignisse" von Beginn an als Anhang im Projekthandbuch anlegen und mitführen

Das Formulieren von **Spielregeln** und die Erstellung einer geeigneten **Kommunikationsstruktur** sind wesentliche Elemente einer förderlichen Projektkultur. Zur Sicherstellung einer gelungenen Kommunikation werden verschiedene Formulare (= Organisationsmittel der Kommunikation) eingesetzt.

Beispiel Winterfest: Das Projektteam hat bereits zu Beginn ein gemeinsames Logo und einen Projekttitel, „Winter-Break-Party", gefunden. Bereits zweimal wurde ein „Projekt-Chill-Out" durchgeführt. Alexander hat begonnen, lustige Situationen und ernsthaftes Arbeiten zu fotografieren und natürlich können sich alle an die Geschichte des Projekts erinnern. Auch ein Projektleitbild wurde entwickelt.

Ü 3.27 Projektkultur

a) Einigt euch für euer Projekt auf einen Projekttitel und ein Projektlogo, falls ihr das nicht bereits getan habt.

b) Formuliert für euer Projekt drei Punkte für ein Projektleitbild.

c) Macht zwei Vorschläge für projektspezifische „soziale" Veranstaltungen.

d) Vereinbart, wie ihr eure „Projektgeschichte" dokumentieren wollt.

ZUSATZINHALT
Ein Muster für ein Projektleitbild findest du im E-Book.

3 Spielregeln

Spielregeln sind ein wichtiger Bestandteil der Projektkultur. Sie werden am besten so früh wie möglich, gemeinsam, konsensual erarbeitet und beschlossen und positiv formuliert. Das gesamte Projektteam verpflichtet sich, diese Spielregeln einzuhalten.

Spielregeln beinhalten so gut wie immer Regeln

- zur **Zusammenarbeit;** sie betreffen:
  - Termintreue
  - gegenseitigen Respekt
  - Umgang mit Konflikten
  - Diskretion

- **zu Meetings;** es wird meist vereinbart:
  - gute Vorbereitung
  - Übermittlung von Zwischenergebnissen eine bestimmte Zeit vor dem Meeting
  - pünktliches, persönliches Erscheinen (keine Stellvertreterinnen und Stellvertreter)
  - Anwesende sind entscheidungsbefugt (Abwesende müssen diese Beschlüsse im Nachhinein akzeptieren)

- zur **Dokumentation:**
  - Ablagesystem
  - Zugriffs-, Lese-, Änderungsbefugnis
  - Lenkung und Formatierung von Dokumenten

Tipps:
- Die Spielregeln sollen überschaubar bleiben. Höchstens eine A4-Seite bzw. ein Flip-Chart genügen.
- Symbole erhöhen die Übersichtlichkeit und Einprägsamkeit.

Vorgangsweise bei der Formulierung von Spielregeln: Bei der Formulierung von Spielregeln folgt ihr im Team sechs Schritten.

SCHRITT	VORGANGSWEISE	BEISPIEL
1. Vorschläge aufschreiben	Jedes Teammitglied schreibt auf 3–5 größere Post-its jeweils einen Wert oder eine Regel auf, die ihr/ihm wichtig ist.	Pünktlichkeit
2. Vorschläge ordnen	Die Vorschläge werden auf einem Flip-Chart systematisiert.	Kategorien: Zusammenarbeit Meetings Dokumentation
3. Vorschläge bewerten	Das Team bewertet die Vorschläge im Konsens nach der Wichtigkeit.	1. Pünktlichkeit 2. Respekt 3. Verantwortung …
4. Regeln ableiten	Es werden maximal 10 positiv formulierte Regeln abgeleitet. Es kann zwar ziemlich schwierig sein, positive Formulierungen zu finden, trotzdem lohnt sich die Anstrengung.	Alle Termine werden von allen genau eingehalten.
5. Regeln darstellen	Die Regeln werden grafisch ansprechend und einprägsam dargestellt.	Die Regeln werden durch Symbole repräsentiert.
6. Regeln sichtbar machen	Die fertigen Spielregeln werden im Projektraum gut sichtbar angebracht.	Plakat in der Klasse

Beispiel Winterfest: Das Team beschließt folgende Spielregeln:

PROJEKTNAME: WINTER-BREAK-PARTY 20.. PROJEKTNUMMER: 7		SPIELREGELN
Symbol	Spielregel	Beschreibung
	Alle Teammitglieder stehen hinter dem Projekt.	• Wir versuchen, die gemeinsam definierten Ziele als Projektteam zu erreichen. • Alle fühlen sich für die Ergebnisse des gesamten Projekts verantwortlich. • Eventuell auftretende Konflikte bearbeiten wir unverzüglich im Team, gegebenenfalls mithilfe des Projektcoachs. • Im Team wird offen kommuniziert, „sensible" Informationen müssen als solche definiert werden, diese werden nicht nach außen getragen.
	Jede/Jeder ist für übernommene Arbeitspakete voll verantwortlich.	• Wir arbeiten intensiv an der Bewältigung der übernommenen Aufgaben. • Wir nehmen persönlich an allen unseren Sitzungen teil. • Sollte ein Mitglied an einer Sitzung nicht teilnehmen, ist das Sitzungsteam auch ohne die Anwesende/den Abwesenden beschlussfähig (Anwesende sind entscheidungsfähig). • Sollte mehr als die Hälfte der Teilnehmerinnen/Teilnehmer fehlen, wird die Sitzung abgesagt.
	Alle Termine werden von allen genau eingehalten.	• Sitzungstermine legen wir rechtzeitig fest und halten sie pünktlich ein (auch die vereinbarten Pausen). • Alle Arbeitspakete erledigen wir termingerecht.
	Wir legen Wert auf gute Kommunikation.	• Informationen werden verlässlich weitergegeben. • Wir setzen primär E-Mails als Kommunikationsform ein. • Soweit möglich, werden Ergebnisse via E-Mail verteilt. Verteiler für bestimmte Dokumente sowie das Projekthandbuch werden möglichst früh definiert und im Dokument selbst oder in entsprechenden Protokollen festgehalten. • Wir legen die Kommunikationsstruktur fest und halten uns daran.

	Wir verfassen Tätigkeitsberichte und Protokolle.	• Jedes Projektteammitglied führt über die eigenen Tätigkeiten einen Tätigkeitsbericht. • Bei jeder Sitzung muss ein Protokoll angefertigt und im Projektordner abgelegt werden.
	Mobiltelefone schalten wir aus.	• In den Sitzungen schalten wir die Mobiltelefone ab. • Sollte es unbedingt notwendig sein, dass eine Teilnehmerin/ein Teilnehmer erreichbar ist, wird dies vor der Sitzung vereinbart und das Mobiltelefon lautlos geschaltet (das Gespräch muss außerhalb des Sitzungsraumes geführt werden).
Version: 1.0	Datum: 05.10.20..	Erstellerin: Anna Seite: 1 von 1

Ü 3.28 Spielregeln

Formuliert für euer eigenes Projekt 5–7 Spielregeln mit Symbolen und Beschreibung.

pma
PROJEKT MANAGEMENT AUSTRIA
member of IPMA

Die Vorlage für die Projekt-spielregeln findest du im Standard-Projekthandbuch.
www.p-m-a.at

4 Kommunikationsstruktur

Die Kommunikation im Projekt soll bereits zu Projektbeginn in groben Zügen geplant werden. Wenn man weiß, welche Sitzungen unbedingt nötig sind, fällt es leichter, gemeinsame Termine zu finden und diese später auch einzuhalten.

Beispiel Winterfest: Das Team legt die Kommunikationsstruktur mithilfe der folgenden Tabelle fest:

PROJEKTNAME: WINTER-BREAK-PARTY 20.. KOMMUNIKATIONSSTRUKTUR PROJEKTNUMMER: 7			
Bezeichnung der Sitzung	Was?	Wer?	Wie oft?
Start-Meeting	Planung des Projekts mithilfe der PM-Instrumente	Projektauftraggeberin (wenn möglich) Projektleiterin Projektteammitglieder	einmal 01.10.20..
Koordinations-sitzungen	Koordination der Arbeiten	Projektleiterin Projektteammitglieder	einmal pro Woche Montag 14:00–14:30 Uhr
Controllingsitzungen	Überprüfung aller Betrachtungsobjekte entsprechend der Planung	Projektleiterin Projektteammitglieder	einmal pro Monat jeden ersten Mittwoch im Monat 14:00–18:00 Uhr
Bezeichnung der Sitzung	Was?	Wer?	Wie oft?
Abschluss-Meeting	Darstellung der Projektergebnisse, Beurteilung der Realisierung der Projektziele, Reflexion der Projekterfahrung, Fertigstellen des Projektabschlussberichtes (zielgruppenspezifisch)	Projektauftraggeberin (wenn möglich) Projektleiterin Projektteammitglieder	einmal 15.01.20..
Version: 1.0	Datum: 05.10.20..	Erstellerin: Anna	Seite: 1 von 1

Ü 3.29 Kommunikationsstruktur

Legt für euer Projekt die Kommunikationsstruktur fest.

Die Vorlage für die Projektkommunikationsstrukturen findest du im Standard-Projekthandbuch: **www.p-m-a.at.**

5 Organisationsmittel der Kommunikation

Viele Projekte scheitern aufgrund mangelhafter Kommunikation. Die folgenden Organisationsmittel erleichtern die Kommunikation im Projekt, machen Prozesse transparent und Entscheidungen nachvollziehbar.

ORGANI-SATIONSMITTEL	INHALT	ZWECK
Liste der Ansprech-partner/innen	Namen Organisationseinheit/Funktion Rollen im Projekt Telefonnummern E-Mail-Adressen aller Ansprechpartnerinnen und Ansprechpartner	leichte Kommunikation mit allen Ansprechpartnerinnen und Ansprechpartnern
Besprechungs-protokoll	einheitliche Formulare mit allen wesentlichen Inhaltspunkten, die bei der Sitzung nur noch entsprechend konkretisiert werden müssen	Sicherstellung von Ergebnissen, dass diese von allen richtig verstanden werden und nichts vergessen wird
Feedback	Kommunikation mit allen Beteiligten über unterschiedliche Aspekte im Projekt	rechtzeitiges Erkennen aufkeimender Konflikte, um Maßnahmen zur Bereinigung der Unstimmigkeiten ergreifen zu können
Feedbackbogen	Die Feedbackgeberinnen und Feedbackgeber werden in strukturierter Form um gezielte Informationen über ihre Einschätzung zu verschiedenen Aspekten des Projekts gebeten.	detaillierte Rückmeldung zu gewünschten Punkten
Blitzlicht	Auf einem Flip-Chart-Papier wird im ersten Quadranten des Koordinatensystems auf der x-Achse die ergebnisorientierte, inhaltliche Komponente und auf der y-Achse die Stimmung aufgetragen. Die Feedbackgeberinnen und Feedbackgeber kleben unbeobachtet einen Punkt in den Quadranten, wo er ihrer Meinung nach am besten hinpasst. Ideal wäre das Ergebnis, wenn alle Punkte rechts oben wären.	Man kann rasch erkennen, wie die Feedbackgeberinnen und -geber die Stimmung im Projekt und die inhaltliche Arbeit einschätzen. Im abgebildeten Fall sieht man, dass ein Teammitglied mit der Stimmung im Projekt nicht zufrieden ist. Die inhaltliche Arbeit wird von allen ungefähr gleich eingeschätzt. Es ist nun das Geschick der Projektleiterin/des Projektleiters gefordert, um die Situation zu verbessern.

Ü 3.30 Organisationsmittel der Kommunikation

Erstellt für euer Projekt:

a) eine Liste der Ansprechpartner/innen

b) ein Formular für ein Besprechungsprotokoll

c) ein Formular für einen Tätigkeitsbericht

Gebt für euer Projekt Feedback:

- mithilfe des Formulars (soweit möglich)
- als Blitzlicht mithilfe der grafischen Darstellung im ersten Quadranten des Koordinatensystems

8 Dokumentation lenken

Die Lenkung der Dokumentation bedeutet, dass den Projektbeteiligten alle für sie notwendigen Projektunterlagen in der jeweils gültigen Fassung zur Verfügung stehen.

PM+ **1** ## Übersicht

„Welcher Projektstrukturplan ist der gültige? Was haben wir vereinbart? Wo ist …?" Um solche und ähnliche Probleme zu vermeiden und die Nachvollziehbarkeit des Projekts zu gewährleisten, ist es notwendig, die Dokumentation von Beginn an zu lenken.

 LERNKARTE

Dokumentation lenken: Um die Dokumentation zu lenken, kommen die Projektdokumentation, Tätigkeitsberichte und der Projekthandbuch Basisplan zum Einsatz.

PROJEKTDOKUMENTATION	TÄTIGKEITSBERICHTE	PROJEKTHANDBUCH BASISPLAN
Regelungen für Zugriff auf • Projektmanagement- und • Projektergebnis-Dokumentation während des Projekts und nach Ende des Projekts: Ablage/Zugriff was? wo? wie? wer?	Tätigkeitsbericht	Projekthandbuch WINTER BREAK PARTY

Ü 3.31 Recherche: Übersichtlichkeit und Informationsgehalt von Projektdokumentationen

Sucht aus zwei Projekthandbüchern (aus der Schulbibliothek, aus der Übungsfirma, aus dem Internet …) die folgenden Informationen heraus. Haltet fest, wie lange ihr für die Recherche braucht, und beurteilt die Übersichtlichkeit der Dokumentation anhand der angeführten Punkte bzw. Leitfragen.

a) Titel des Projekts
b) Wurden die Projektziele erreicht?
c) Dauer des Projekts
d) Größe des Projektteams
e) Wie viele Arbeitspakete hat der Projektstrukturplan?
f) Wie viele Meilensteine wurden gesetzt?
g) Wurden die Termine im Meilensteinplan im Laufe des Projekts verschoben (wenn ja, wie oft)?
h) Anzahl der zu Beginn des Projekts als problematisch eingeschätzten Projektumwelten
i) Welche Maßnahmen wurden für die problematischen Projektumwelten gesetzt und waren diese erfolgreich?
j) Anzahl der eingesetzten Arbeitsstunden/Arbeitstage
k) Stimmen die im Personaleinsatzplan ausgewiesenen Arbeitsstunden mit jenen der Tätigkeitsberichte überein?
l) Höhe der Projektkosten und eventueller Abweichungen von der ursprünglichen Planung
m) Anzahl der Controlling-Sitzungen
n) Waren die Aufgaben gleichmäßig verteilt?
o) Wie war die Ablage organisiert (wer durfte ablegen, ändern, lesen)?

PM+ **2** # Projektdokumentation

Die Projektdokumentation macht ein Projekt nachvollziehbar und speichert organisatorisches Wissen. Sie bildet das Gedächtnis des Projekts. Die Projektdokumentation zu erstellen, ist keine beliebte Aufgabe. Trotzdem ist sie sehr wichtig.

 LERNKARTE

Projektdokumentation: Die folgende Übersicht zeigt dir Ziele, Inhalte und Bestandteile der Projektdokumentation.

	BESCHREIBUNG
Ziele	Schaffung eines **schnellen und übersichtlichen Zugriffs** • auf alle Projektdokumente **während** der Projektdauer • auf wichtige Daten für zukünftige gleichartige Projekte auch **nach Projektabschluss**
Inhalt	Es wird bereits zu Projektbeginn vereinbart, • **was** • **wo** abzulegen ist, • in welcher **Form** abgelegt, dokumentiert bzw. verändert wird und • **wer** dafür zuständig ist. Oft werden noch spezifische Regeln hinsichtlich Bezeichnung von Dokumenten, Zugriffsberechtigungen, Dokumentenmanagement etc. vereinbart.
Bestandteile	• **Projektmanagement-Dokumentation** Sie beinhaltet alle für das gesamte Projekt relevanten Projektmanagement-Dokumente. • **Projektergebnis-Dokumentation** Sie umfasst alle relevanten inhaltlichen Dokumente.
Tipp	In der Praxis hat es sich bewährt, auch die Ergebnisse des Projekts entsprechend dem Projektstrukturplan zu strukturieren.

Beispiel Winterfest:

PROJEKTNAME: WINTER-BREAK-PARTY 20.. PROJEKTNUMMER: 7	PROJEKTDOKUMENTATION	
Bereich	**Beschreibung**	

Ablage	• Digital in Dropbox nach Ordnerstruktur, die dem PSP entspricht (die dritte Ebene entspricht den Arbeitspaketen):
	
	7_Projekt WinterBreakParty
	   71_Projektmanagement
	   72_Möglichkeiten ausloten
	   73_Inhalt und Form festlegen
	   74_Konzept erstellen
	   75_Fest inhaltlich vorbereiten
	   76_Fest technisch vorbereiten
	   77_Fest durchführen
	   78_Aufräumen
	
	• Es wird ein Ordner für Dokumente in Papierform nach derselben Struktur angelegt. Das aktuellste Dokument jeder Kategorie liegt im Ordner obenauf. Der Ordner wird im Projekt-Schrank verwahrt und von der Projektleiterin geführt. Beim Ausdruck von Dokumenten ist auf den Umweltschutz zu achten.	

Zugriffs-berechtigung	Die Projektleiterin und die PTM haben lesenden und schreibenden Zugriff auf die Ordner. Dateien löschen darf nur die Projektleiterin und die Erstellerin/der Ersteller (im Einverständnis mit den Bearbeiterinnen/den Bearbeitern) des Dokuments. Die Projektauftraggeberin hat lesenden Zugriff auf alle Ordner. Zugriffsberechtigungen vergibt der IT-Verantwortliche nach Rücksprache mit der Projektleiterin.	
Namens-konvention	Grundsatz: die Namen müssen sprechend sein. Struktur: APNrInhalt_Versionsnummer_Erstellername_Bearbeitername_Bearbeitername Beispiel: 711Ansprechpartner_V1_Anna 711Ansprechpartner_V2_Anna_Lena 711Ansprechpartner_V3_Anna_Lena_Alexander	
Ablage	Jede/Jeder Arbeitspaketverantwortliche legt seine Dokumente im jeweiligen AP-Ordner ab.	
Version: 1.0	Datum: 05. 10. 20..	Erstellerin: Anna	Seite: 1 von 1

Ü 3.32 Projektdokumentation

Klärt für euer Projekt im Rahmen der Projektdokumentation:

a) Was, wo, wie abgelegt wird, wer dafür verantwortlich ist und wer zu welchem Zugriff (lesen, schreiben, ändern, löschen) berechtigt ist.

b) Haltet das Ergebnis im Formular Projektdokumentation fest.

PROJEKT MANAGEMENT AUSTRIA
member of IPMA

Die Vorlage für das Formular Projektdokumentation findest du im Standard-Projekthandbuch.
www.p-m-a.at

PM+ 3 Tätigkeitsbericht

Die Leistungen der am Projekt arbeitenden Personen werden in Tätigkeitsberichten festgehalten. Diese Aufzeichnungen stellen eine Grundlage für die Beurteilung des Leistungseinsatzes und damit verbunden oft auch der Bezahlung bzw. der Weiterverrechnung an die Projektauftraggeberin/den Projektauftraggeber dar.

Führe deinen Tätigkeitsbericht sorgfältig – er ist eine wesentliche Grundlage für die Beurteilung deiner Leistungen im Projekt.

Beispiel Winterfest: Das Projektteam verwendet für den Tätigkeitsbericht das folgende Formular:

PROJEKTNAME: WINTER-BREAK-PARTY 20.. PROJEKTNUMMER: 7		TÄTIGKEITSBERICHT				
Name: Anna Schuster						
			Dauer (h)			
Datum	**Tätigkeit und Zuordnung zu AP**		Teamarbeit		Einzelarbeit	
	Code AP	Tätigkeit	U	AU	U	AU
1.10.20..	7.1.1	Spielregeln aktualisiert	1,5			
1.10.20..	7.1.1	Projektorganigramm gemacht			1,0	
8.10.20..	7.1.2	Meeting mit der Direktorin		1,5		
8.10.20..	7.1.2	Protokoll vom Meeting mit der Direktorin getippt und versandt				1,0
10.10.20..	7.1.2	Teambesprechung gemacht		1,0		
		Dauer: Summe	1,5	2,5	1,0	1,0
		Summe Teamarbeit/Einzelarbeit	4,0		2,0	
		Arbeitsstunden gesamt				
Version: 1.0	Datum: 10.10.20..		Erstellerin: Anna		Seite: 1 von 1	

Legende:
AP = Arbeitspaket
U = im Unterricht
AU = außerhalb des Unterrichts

Ü 3.33 Tätigkeitsbericht

Erstelle einen Tätigkeitsbericht über deine bisherige Arbeit an eurem Projekt und führe ihn weiterhin laufend mit.

M ZUSATZINHALT
Die Excel-Vorlage für den Tätigkeitsbericht findest du im E-Book.

PM+ 4 Projekthandbuch Basisplan

Das Projekthandbuch enthält alle wichtigen Tools zum Projektmanagement. Es ist ein lebendes Dokument, das laufend adaptiert wird. Erst wenn das Projekt abgeschlossen und der Abschlussbericht verfasst ist, ist die Arbeit am Projekthandbuch als **Prozessdokumentation** beendet. In der Variante Basisplan ist die erste und grundlegende Projektplanung enthalten.

Das Projekthandbuch enthält in der Variante Basisplan üblicherweise folgende Bestandteile:
- Änderungsverzeichnis
- Ansprechpartnerinnen und Ansprechpartner
- Projektauftrag
- Projektzieleplan
- Beschreibung Vorprojekt- und Nachprojektphase

- Projektumwelt-Analyse und Maßnahmenplan
- Beziehungen zu anderen Projekten und Zusammenhang mit den Unternehmenszielen (sachlicher Kontext)
- Projektorganigramm
- Betrachtungsobjekteplan
- Projektstrukturplan
- Arbeitspaket-Spezifikation
- Projektfunktionendiagramm
- Projektmeilensteinplan
- Projektbalkenplan
- Projektpersonaleinsatzplan
- Projektkostenplan
- Projektkommunikationsstrukturen
- Projekt-„Spielregeln"
- Projektrisikoanalyse
- Projektdokumentation

Ü 3.34 Projekthandbuch

Besprecht mit eurem Projektcoach, welche Mindest- und welche Sollbestandteile euer Projekthandbuch als Basisplan enthalten soll. Dies ist vor allem auch vom Umfang und der Art des Projekts abhängig. Dokumentiert eure Entscheidung in Form eines Inhaltsverzeichnisses für das Projekthandbuch.

Rechtzeitig festgelegte Formatierungsrichtlinien ersparen viel Zeit und Ärger beim Zusammenführen der einzelnen Dokumente und stellen die formale Einheitlichkeit des Projekthandbuchs sicher.

Achte darauf, dass trotz des Wunsches nach kreativer Gestaltung der Schriftstücke die Bestimmungen der ÖNORM A 1080 eingehalten werden.

Beispiel Winterfest: Das Team einigt sich auf folgende Formatierungsrichtlinien:

 ZUSATZINHALT
Die Vorlage für das Inhaltsverzeichnis des Projekthandbuchs findest du im E-Book.

PROJEKTNAME: WINTER-BREAK-PARTY 20.. PROJEKTNUMMER: 7	FORMATIERUNGSRICHTLINIEN		
Absatzformatierung:	Standard		
Aufzählung:	Standard, einheitlich für die ganze Arbeit		
Fußnoten:	Standardformatierungen nicht verändern		
Fußzeile:	Beginn: waagrechte Linie Tahoma 10 Pt., evtl. kursiv Inhalt: links Klasse: Namen der Projektteammitglieder alphabetisch rechts: Seite lfd./Seiten solange das Projekthandbuch in Arbeit ist, steht in jeder Fußzeile: Version: .... Datum: .... Ersteller/innen .... Seite # von ##		
Gliederung:	Dezimalgliederung 7 7.1 7.1.1 usw.		
Kopfzeile:	Tahoma 10 Pt., evtl. kursiv Inhalt: links Projektname, rechts Logo Abschluss: waagrechte Linie		
Nummerierung:	1.2.3 usw. – hängenden Einzug aktivieren!		
Seitenlayout:	Standard, Bundsteg 1 cm		
Tabellen:	Außen- und Innenrahmung: ¾ pt, keine Schattierung		
Zeichenformat:	Tahoma 11 Pt. Überschrift 1: Tahoma 14 Pt., fett Überschrift 2: Tahoma 12 Pt., fett Überschrift 3: Tahoma 11 Pt., fett		
Hervorhebungen im Text:	fett und/oder kursiv, Kapitälchen, keine Blockschrift, nicht unterstreichen, nicht sperren, nicht zentrieren!		
Version: 1.0	Datum: 05.10.20..	Erstellerin: Anna	Seite: 1 von 1

Ü 3.35 Formatierungsrichtlinien

Erstellt die Formatierungsrichtlinien für euer Projekt.

 ZUSATZINHALT

Die Vorlage für die Formatierungsrichtlinien findest du im E-Book.

9 Agiles Projektmanagement

Ziel des agilen Projektmanagements ist es, den Projektmanagementprozess flexibler und schlanker zu machen.

PM+

Agiles Projektmanagement findet sich hauptsächlich – aber nicht nur – im Bereich der Softwareentwicklung. Je nach Kontext bezieht es sich auf Teilbereiche oder den gesamten Prozess. Es wird hier versucht, mit geringem bürokratischen Aufwand, wenigen Regeln und meist iterativem (wiederholendem) Vorgehen auszukommen. Zu den agilen Projektmanagement-Methoden zählen Storycards, Scrum und Kanban.

 ZUSATZINHALT

Nähere Informationen zum agilen Projektmanagement findest du im E-Book.

Können

K 3.1 Projekt Winter-Break-Party – Review

Rekapituliere dieses Kapitel hinsichtlich des Projekts „Winter-Break-Party" und beantworte folgende Fragen:

a) Was zeigt die Projektabgrenzung, was die Projektkontextanalyse?

b) Für welche drei Dimensionen werden Projektabgrenzung und Projektkontextanalyse durchgeführt?

c) In welchem Instrument werden Informationen zur Vor- und Nachprojektphase dargestellt?

d) In welchem Instrument werden Ziele und Nicht-Ziele dargestellt?

e) Was beinhaltet die sachliche Projektkontextanalyse?

f) Nenne drei Rollen im Projekt und erkläre deren Aufgaben.

g) Was wird in der sozialen Projektkontextanalyse dargestellt?

h) Welche Pläne umfasst die Leistungsplanung?

i) Welche Informationen kann man dem Funktionendiagramm entnehmen?

j) Welcher Plan ist das Herzstück der Projektplanung?

k) Wodurch unterscheiden sich Meilensteinplan und Balkenplan?

l) Was steht im Ressourcen- und Kostenplan?

m) Welche Informationen kann man dem Finanzmittelplan entnehmen?

n) Mit welchen Plänen lässt sich das Projektrisiko abschätzen?

o) Was versteht man unter Projektkultur?

p) Welche Teile umfasst die Projektdokumentation?

q) Gib an, womit die Grobstruktur eines Projekts besser zu erkennen ist als mit dem Projektstrukturplan.

r) Erkläre, was Inhalt einer Arbeitspaketspezifikation ist und warum bzw. unter welchen Umständen sie gemacht wird.

s) Erläutere, wie Meilensteine, Projektstrukturplan und Arbeitspaketspezifikation zusammenhängen.

K 3.2 Fallbeispiel A: Absolventinnen/Absolventen-Datenbank

Du bist Projektleiterin/Projektleiter an einer Schule und erarbeitest gemeinsam mit deinem Projektteam die Projektabgrenzung und -kontextanalyse. Dein Projektauftrag besteht darin, eine DatenbanK zur Verwaltung der Daten der Absolventen/Absolventinnen deiner Schule zu erstellen. Du fixierst daraufhin folgende Punkte:

- Projektstart: 28.02.20..
- Projektende: 31.05.20..
- Nachprojektphase: jährliche Aktualisierung der Datenbank
- Projektziel: Fertigstellung der DatenbanK und Eingabe der vorhandenen Daten bis 31.05.20..
- Zusammenhang mit anderen Projekten: Projekt „Gründung eines Absolventinnen- und Absolventenvereins, Projekt „Erhebung der Zufriedenheit der Schülerinnen/Schüler der Schule"
- Projektleiterin/-leiter: du
- Projektteammitglieder: 3 benannte Schulkolleginnen/-kollegen
- Projektgegnerinnen/-gegner: keine

Aufgaben:

1. Überprüfe, ob die Projektabgrenzung richtig und vollständig gemacht wurde, und begründe deine Antwort. Stelle die gegebenenfalls verbesserte Lösung auch grafisch dar.
2. Erstelle den Projektstrukturplan und die Arbeitspaketspezifikation für ein Arbeitspaket.
3. Erstelle das Funktionendiagramm für eine inhaltliche Phase des Projektstrukturplans.
4. Erstelle den Meilensteinplan für das Projekt.
5. Erstelle für dieses Projekt
   a) den Personaleinsatzplan,
   b) den Ressourcen- und Kostenplan,
   c) den Finanzmittelplan.
6. Führe die Projektrisikoanalyse durch.
7. Erstelle die Kommunikationsstruktur für dieses Projekt.
8. Lege die Eckpunkte für eine gute Lenkung der Projektdokumentation fest.

K 3.3 Fallbeispiel B: Beteiligung an einer Übungsfirmenmesse

Für die Beteiligung an der Übungsfirmenmesse in Prag soll die Projektplanung vorgenommen werden.

- Projektstart: 20.01.20..
- Projektende: 31.03.20..
- Nachprojektphase: Bearbeitung der Aufträge
- Projektziel: Teilnahme an der Übungsfirmenmesse in Prag als Aussteller, Kontakte mit anderen Übungsfirmen, Aufträge ...

- Zusammenhang mit anderen Projekten: Projekt „Organisation einer Hausmessse", Projekt „Ostermarkt"
- Projektleiterin/-leiter: du
- Projektteammitglieder: 3 benannte Schulkolleginnen/-kollegen
- Projektgegnerinnen/-gegner: Lehrerinnen und Lehrer, die nicht wollen, dass Unterricht entfällt
- Förderinnen/Förderer: Sprachlehrerinnen und -lehrer

Aufgaben:

1. Überprüfe, ob die Projektabgrenzung richtig und vollständig gemacht wurde, und begründe deine Antwort. Stelle die gegebenenfalls verbesserte Lösung auch grafisch dar.
2. Führe für dieses Projekt die Leistungsplanung durch, indem du
   a) den Betrachtungsobjekteplan,
   b) den Projektstrukturplan,
   c) die Arbeitspaketspezifikation für ein Arbeitspaket,
   d) das Funktionendiagramm erstellst.
3. Erstelle den Balkenplan für das Projekt Beteiligung an der Übungsfirmenmesse in Prag.
4. Erstelle für dieses Projekt
   a) den Personaleinsatzplan,
   b) den Ressourcen- und Kostenplan,
   c) den Finanzmittelplan.
5. Führe die Projektrisikoanalyse durch.
6. Erstelle Spielregeln für dieses Projekt.
7. Lege die Eckpunkte für eine gute Lenkung der Projektdokumentation fest.

WEITERE AUFGABEN ZU DIESEM KAPITEL IM E-BOOK.

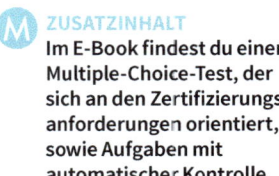
ZUSATZINHALT
Im E-Book findest du einen Multiple-Choice-Test, der sich an den Zertifizierungs-anforderungen orientiert, sowie Aufgaben mit automatischer Kontrolle.

AUFGABEN
K 3.4 – K 3.5

Kompetenzcheck

KOMPETENZEN KAPITEL 3	KANN ICH	LEHRSTOFF	WENN ICH NOCH ÜBEN MUSS …
Ich kann den Projektstart organisieren.		Lerneinheit 1	Ü 3.1
Ich kann die Tagesordnung für den Projektstart-Workshop erstellen.		Lerneinheit 1	Ü 3.1
Ich kann Protokolle für Projektsitzungen führen.		Lerneinheit 1	Ü 3.1
Ich kann die geeignete Kommunikationsform für den Projektstart auswählen.		Lerneinheit 1	Ü 3.1
Ich kann die Begriffe „Projektabgrenzung und -kontextanalyse" erklären und gegenüberstellen.		Lerneinheit 2, Lernschritt 1	Ü 3.2, K 3.1
Ich kann ein Projekt zeitlich abgrenzen.		Lerneinheit 2, Lernschritt 2	Ü 3.3, K 3.1, K 3.2, K 3.3
Ich kann den zeitlichen Projektkontext (die Vor- und Nachprojektphase) darstellen.		Lerneinheit 2, Lernschritt 3	Ü 3.4, K 3.1, K 3.2, K 3.3
Ich kann ein Projekt sachlich abgrenzen (Hauptziele, Zusatzziele und Nicht-Ziele) definieren.		Lerneinheit 2, Lernschritt 4	Ü 3.5, K 3.1, K 3.2, K 3.3
Ich kann den sachlichen Projektkontext (Zusammenhang mit den Unternehmens-zielen sowie -strategien und die Beziehungen zu anderen Projekten) beschreiben.		Lerneinheit 2, PM+ Lernschritt 5	Ü 3.6, K 3.1, K 3.2, K 3.3
Ich kann ein Projekt sozial abgrenzen (ein Projektorganigramm erstellen oder tabellarisch darstellen).		Lerneinheit 2, Lernschritt 6	Ü 3.7, K 3.1, K 3.2, K 3.3
Ich kann den sozialen Projektkontext darstellen (die Projektumwelten grafisch darstellen und einen Maßnahmenplan ableiten).		Lerneinheit 2, PM+ Lernschritt 7	Ü 3.8, K 3.1, K 3.2, K 3.3
Ich kann die Leistungsplanung im Projekt erklären.		Lerneinheit 3, Lernschritt 1	K 3.1
Ich kann einen Betrachtungsobjekteplan (Objektstrukturplan) erstellen.		Lerneinheit 3, Lernschritt 2	Ü 3.9, K 3.3
Ich kann den prozessorientierten Projektstrukturplan mit Meilensteinen und Codierung darstellen.		Lerneinheit 3, Lernschritt 3	Ü 3.10, Ü 3.11, K 3.1, K 3.2, K 3.3
Ich kann Arbeitspakete spezifizieren.		Lerneinheit 3, Lernschritt 4	Ü 3.12, K 3.1, K 3.2, K 3.3
Ich kann die Verantwortung im Projekt im Funktionendiagramm (Verantwortungsmatrix) festlegen.		Lerneinheit 3, Lernschritt 5	Ü 3.13, K 3.1, K 3.2, K 3.3
Ich kann die Terminplanung im Projekt beschreiben.		Lerneinheit 4, Lernschritt 1	Ü 3.14
Ich kann einen Projektmeilensteinplan erstellen.		Lerneinheit 4, Lernschritt 2	Ü 3.15, K 3.1, K 3.2

KOMPETENZEN KAPITEL 3	KANN ICH	LEHRSTOFF	WENN ICH NOCH ÜBEN MUSS ...
Ich kann einen Projektbalkenplan gestalten.		Lerneinheit 4, Lernschritt 3	Ü 3.16, K 3.1, K 3.3
Ich kann beschreiben, wie Ressourcen und Kosten im Projekt zu planen sind.		Lerneinheit 5, Lernschritt 1	Ü 3.17, K 3.1
Ich kann einen Ressourcenplan erstellen.		Lerneinheit 5, PM+ Lernschritte 2–4	Ü 3.20, K 3.2, K 3.3
Ich kann einen Personaleinsatzplan erstellen.		Lerneinheit 5, PM+ Lernschritt 2	Ü 3.18, K 3.2, K 3.3
Ich kann einen Kostenplan gestalten.		Lerneinheit 5, Lernschritt 3	Ü 3.19, Ü 3.20, K 3.2, K 3.3
Ich kann die Finanzmittel planen.		Lerneinheit 5, PM+ Lernschritt 4	Ü 3.21, K 3.2, K 3.3
Ich kann die Analyse von Chancen und Risiken im Projekt erklären.		Lerneinheit 6, Lernschritt 1	Ü 3.22, K 3.1
Ich kann ein Risikoportfolio erstellen.		Lerneinheit 6, PM+ Lernschritt 2	Ü 3.23
Ich kann ein Ishikawa-Diagramm für ein Problem im Projekt gestalten.		Lerneinheit 6, PM+ Lernschritt 3	Ü 3.24
Ich kann die Projektrisikoanalyse durchführen.		Lerneinheit 6, Lernschritt 4	Ü 3.25, K 3.2, K 3.3
Ich kann Methoden zur Entwicklung der Projektkultur darstellen.		Lerneinheit 7, Lernschritt 1–2	Ü 3.26, Ü 3.27, K 3.1
Ich kann Spielregeln festlegen.		Lerneinheit 7, Lernschritt 3	Ü 3.28, K 3.3
Ich kann die Kommunikationsstruktur bestimmen.		Lerneinheit 7, Lernschritt 4	Ü 3.29, K 3.2
Ich kann die Organisationsmittel der Kommunikation beschreiben.		Lerneinheit 7, Lernschritt 5	Ü 3.30
Ich kann den Prozess der Dokumentenlenkung beschreiben.		Lerneinheit 8, PM+ Lernschritt 1	Ü 3.31
Ich kann die Projektdokumentation festlegen.		Lerneinheit 8, PM+ Lernschritt 2	Ü 3.32, K 3.2, K 3.3
Ich kann Tätigkeitsberichte verfassen.		Lerneinheit 8, Lernschritt 3	Ü 3.33
Ich kann die Inhalte des Basisplans im Projekthandbuch festlegen und deren Formatierung fixieren.		Lerneinheit 8, PM+ Lernschritt 4	Ü 3.34, Ü 3.35

Aktiviere dein Schulbuch als E-Book!

Nutze dieses Kapitel mit zusätzlichen Aufgaben und digitalen Lernkarten.

www.wirlernenmitmanz.at

4

Projekt koordinieren

Worum geht's in diesem Kapitel?

Das Wort „koordinieren" bedeutet „aufeinander abstimmen, untereinander in Einklang bringen". Das beschreibt sehr gut, worum es beginnend mit dem Projektstarttermin bis zum Projektendtermin geht. Die Abstimmung ist in der Projektstartphase, während des Projekts und in der Projektabschlussphase unabdingbar, damit die Projektziele erreicht werden bzw. kleinere Korrekturen oder größere Eingriffe durchgeführt werden können.

AUFGABE

Projektkoordination

- Macht als Projektteam ein Brainstorming zu den notwendigen Abstimmungsarbeiten.
- Fasst die Ergebnisse nach einer Bewertungsphase dann so positiv formuliert zusammen, dass daraus eine Liste mit hilfreichen Tipps zur Projektkoordination entsteht.

In diesem Kapitel lernst du:

- so vorzugehen, dass die Projektkoordination samt notwendiger Kommunikation funktioniert
- die Projektdurchführung mittels To-do-Listen zu unterstützen
- falls erforderlich, Änderungen im Projekt zu managen

Projekt koordinieren

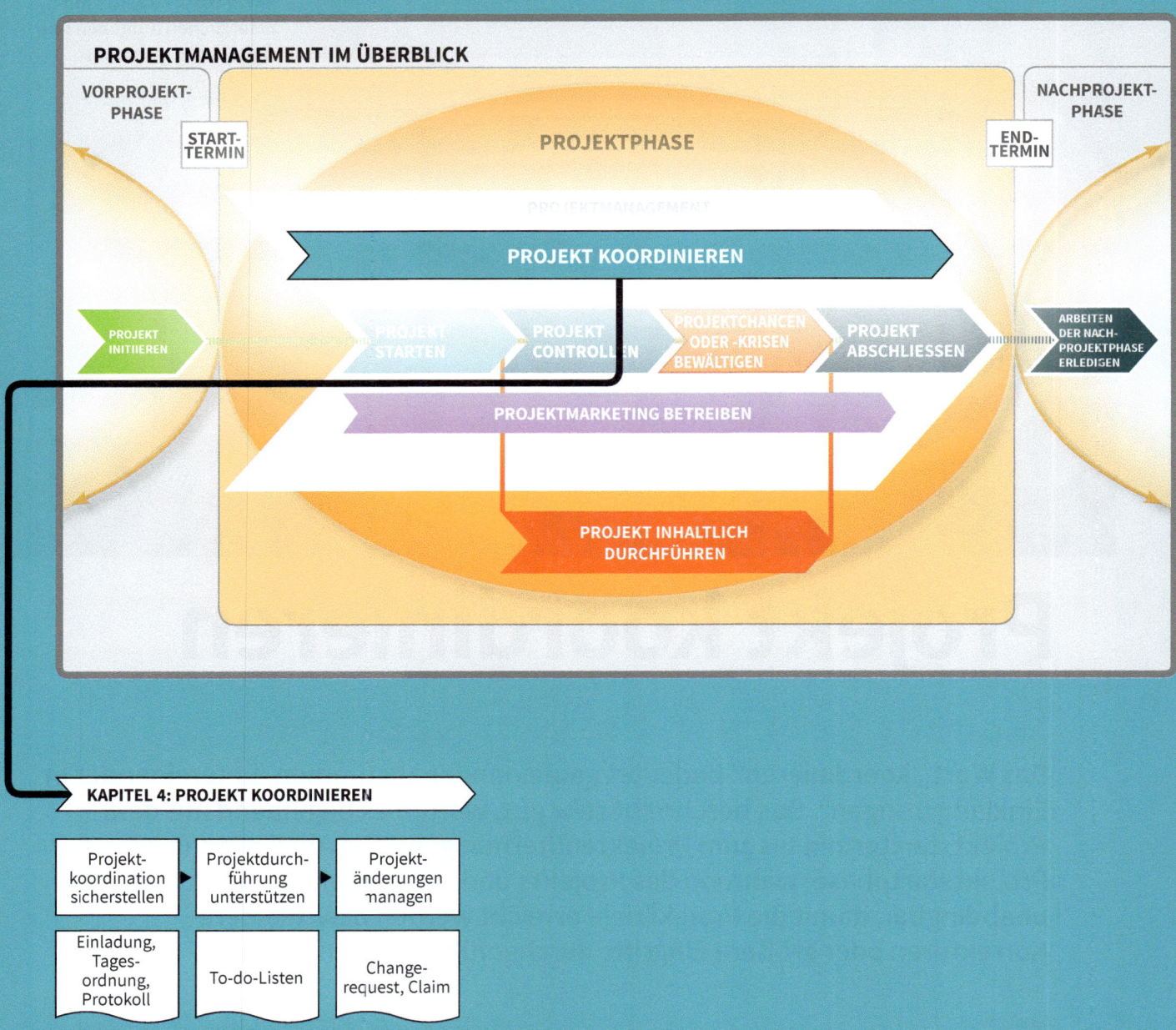

Der Projektkoordinationsprozess umfasst die hervorgehobenen Schritte.

1 Projektkoordination sicherstellen

Die Projektkoordination besteht aus der Unterstützung und Information aller Projektbeteiligten sowie aus der Sicherstellung des Projektfortschritts durch die Projektleitung.

 **LERNKARTE**

Projekte koordinieren: Die Projektkoordination findet laufend während des gesamten Projekts statt und wird durch die Projektleitung wahrgenommen.

Aufgaben der Projektkoordination sind:
- die laufende Information des Projektteams, der Projektauftraggeberin bzw. des Projektauftraggebers und relevanter Projektumwelten (Projektstakeholder)
- die Koordination der Projektressourcen
- die laufende Sicherung des Projektfortschritts
- die laufende Qualitätssicherung der (Zwischen-)Ergebnisse der Arbeitspakete
- die laufende Gestaltung der Beziehungen zu relevanten Umwelten

Die **Kommunikation** der Projektleitung erfolgt in persönlichen Gesprächen, per Telefon, E-Mail oder Fax, aber auch per Videokonferenz, über Social Media oder Apps und wird mit Einladungen, Tagesordnungen und Protokollen professionalisiert.

Bereits in der Projektplanung wurden im Tool Kommunikationsstruktur wichtige Vorgehensweisen fixiert. Daher müssen im Projektkoordinationsprozess von der Projektleitung nur mehr die einzelnen kommunikativen Aktionen strukturiert werden. Dabei ist der Einsatz von **Einladungen** zu Koordinationssitzungen, **Tagesordnungen** und **Protokollen** unabdingbar.

Um sicherzustellen, dass es bei Sitzungen auch zu Ergebnissen kommt, diese von allen richtig verstanden werden und nichts vergessen wird, verwendet man als einheitliches Formular ein **Besprechungs- oder Sitzungsprotokoll.** Dieses enthält alle wesentlichen Tagesordnungspunkte, die bei der Sitzung nur noch entsprechend konkretisiert werden müssen.

Tipps:
- Lade die richtigen Leute zur Besprechung ein. Wenige, aber voll beteiligte Personen kommen schneller zum Ziel.
- Bereite die Sitzung schriftlich mit Tagesordnung und möglichen Lösungsansätzen samt Begründung vor.
- Achte darauf, dass die vereinbarte Zeit eingehalten und zielorientiert genützt wird.

 **ZUSATZINHALT**
Muster für die Kommunikationstools findest du im E-Book.

Meetings
Die/Der europäische Angestellte verbringt im Schnitt 20–40 % ihrer/seiner Arbeitszeit in Meetings.

■ Protokolle helfen, das Besprochene rasch umzusetzen, und müssen daher inhaltlich korrekt und im Anschluss schnell verteilt werden. Die Besprechungsteilnehmerinnen und Besprechungsteilnehmer können sich dann auf die Inhalte konzentrieren und müssen nicht die für sie relevanten Punkte mitschreiben. Wenn das Protokoll gleich während der Besprechung verfasst, am Beamer sichtbar gemacht, gegebenenfalls korrigiert und zum Schluss beschlossen wird, kann es sofort verschickt werden.

Quelle: www.büro-kaizen.de, letzter Zugriff: Mai 2016.

Bei größeren Projekten und/oder wenn von der Projektauftraggeberin bzw. vom Projektauftraggeber gewünscht, wird die Abnahme der einzelnen Arbeitspakete extra dokumentiert (Musterformular **Abnahme Arbeitspakete** mit den Spalten PSP-Code, Arbeitspaket, AP-Verantwortliche/r. Datum, Abnahme durch und Unterschrift), um auch schriftlich festzuhalten, dass die geplanten (Teil-)Ergebnisse in der gewünschten Qualität vorliegen.

Beispiel Winterfest: Anna sieht nun wieder einmal, wie anspruchsvoll die Rolle der Projektleiterin ist. Sie muss eine Menge an Informationen sammeln, verarbeiten und dementsprechend reagieren. Um die Arbeit gut absprechen und abstimmen zu können, hat das Team wöchentliche Koordinationssitzungen – und zwar montags von 14:00 bis 14:30 Uhr – vereinbart. In den im Anschluss daran angefertigten Besprechungsprotokollen werden nicht nur die Inhalte der Besprechung mit den zugehörigen Arbeitspaketen festgehalten, es finden sich auch Beschlüsse über konkrete Maßnahmen mit Terminen und Verantwortlichen. Damit niemand darauf vergisst, schickt Anna am Freitag davor die Einladung samt Tagesordnung aus. Lukas hat die Rolle des „Zeit- und Besprechungswächters" übernommen und achtet darauf, dass die Besprechungszeit sinnvoll und nicht für andere Dinge genützt wird. Das nach der Sitzung allen zugesandte Formular, das schon während der Besprechung am Laptop mitgeschrieben wird, sieht für eine der Sitzungen so aus:

PROJEKTNAME: WINTER-BREAK-PARTY 20.. PROJEKTNUMMER: 7			BESPRECHUNGSPROTOKOLL				
Besprechungsort: Schulbibliothek			Verteiler: Projektteam, Projektcoach				
Besprechungsdatum: 10.10.20..							
Protokollführerin: Ayse Gündüz							
Uhrzeit: 14:00–14:30							
Anwesend	Zeitweise anwesend		Unterschrift				
Name:	Name	von–bis					
Anna Schuster			*Anna Schuster*				
Alexander Dzelic			*Alexander Dzelic*				
Ayse Gündüz			*Ayse Gündüz*				
Lukas Hofer			*Lukas Hofer*				
Lena Winter			*Lena Winter*				
	Prof. Helfer	14:00–14:15	*Linda Helfer*				
Lfd. Nr.	Arbeitspaket	Kurzbezeichnung	Ergebnisse		Erledigt		
	AP-Nr.				Code	durch	bis
1	7.1.1	Projekt starten	Check Projekthandbuch Basisplan vor Übergabe an Projektcoach		T	PL	05.10.20..
2	7.1.2	Projekt koordinieren	Fertigstellung der persönlichen To-do-Listen		T	Jeder für sich selbst	10.10.20..
Code: A = Auftrag, B = Beschluss, E = Empfehlung, F = Feststellung, T = Termin							
Version: 1.0	Datum: 10.10.20..	Erstellerin: Ayse				Seite 1 von 1	

Ü 4.1 Projektkoordination

Damit die Projektkoordination auch sicher klappt,

a) kontrolliert, was ihr im Tool Kommunikationsstruktur hinsichtlich Koordinationssitzungen festgelegt habt,

b) tragt die Termine in eure Terminkalender ein und

c) bereitet Einladungen, Tagesordnungen und Protokolle für euer Projekt vor.

d) Klärt auch mit eurer Projektauftraggeberin/eurem Projektauftraggeber und eurem Projektcoach, ob die Abnahme der Arbeitspakete formell bestätigt werden muss, und erstellt das notwendige Dokument.

ZUSATZINHALT
Vorlagen für Einladungen, Tagesordnungen und Protokolle findest du im E-Book.

2 Projektdurchführung unterstützen

Die Projektleiterin/Der Projektleiter unterstützt die Projektdurchführung durch die Förderung der Zusammenarbeit der Teammitglieder und die Überwachung der vereinbarten Termine und Ressourcen.

 LERNKARTE

Projektdurchführung unterstützen: Die Projektleiterin bzw. der Projektleiter übernimmt die wichtige Aufgabe, die Teammitglieder laufend zu koordinieren.

Dazu muss sie bzw. er darauf achten, dass
- alle noch das gemeinsame Ziel im Auge haben,
- die Schnittstellen sauber definiert sind und die Übergaben funktionieren,
- die Kommunikation im Team und nach außen funktioniert,
- Termine und Kosten eingehalten werden.

Als Hilfsmittel werden **To-do-Listen** eingesetzt.

Von der Projektleitung werden folgende Informationen benötigt:
- Wie geht es den Teammitgliedern mit ihren Arbeitspaketen? Wie viel haben sie bereits erledigt?
- Konnten die Termine bis jetzt eingehalten werden?
- Reichte der geplante Zeitaufwand aus?
- Sind die Kosten realistisch geschätzt worden?

Dabei müssen
- Antworten auf Fragen gefunden,
- Protokolle geschrieben,
- Handbücher aktualisiert und
- Probleme erkannt werden.

Tipps:

- In dieser Phase ist die Anwesenheit der Projektleiterin/des Projektleiters besonders wichtig. Sollte sie oder er verhindert sein, muss eine Stellvertreterin bzw. ein Stellvertreter bestimmt werden.
- Je besser die Planung war, desto leichter ist nun die Koordination.
- Geht nach der Planung vor. Ständige Änderungen sind nicht zielführend und müssen gut überlegt werden.

Eine wichtige Aufgabe der Projektleiterin bzw. des Projektleiters ist die **Motivation** der Projektteammitglieder. Folgende Maßnahmen haben sich dabei bewährt:

- Gib als Projektleiterin/Projektleiter Feedback.
- Lob, Vertrauen, Anerkennung und Wertschätzung sowie soziale Kontakte sind wichtig und müssen ausgesprochen bzw. gepflegt werden.
- Versuche als Projektleiterin/Projektleiter Faktoren, die dein Team unzufrieden machen, zu beseitigen (z. B. EDV-Probleme).
- Verstärke Faktoren, die dein Team zufrieden machen (z. B. für Erfolge loben), denn all diese Faktoren beeinflussen das Klima im Team.
- Projektleiterinnen und Projektleiter können den Erfolg eines Projekts auch dadurch beeinflussen, dass sie die Teammitglieder unterstützen, aber auch dafür sorgen, dass sich alle entsprechend der Vereinbarungen und Rollenerwartungen verhalten.

Denke als Projektleiterin/Projektleiter auch daran, dass die Teammitglieder unterschiedliche Persönlichkeiten aufweisen. Manche benötigen genaue Vorgaben und müssen zur Arbeit angehalten werden, andere wiederum arbeiten vollkommen selbständig.

Ein wichtiges Hilfsmittel zur Projektkoordination ist die **To-do-Liste**. Darunter versteht man eine Liste, die die im Rahmen eines Arbeitspakets zu erledigenden Maßnahmen mit Terminen und Verantwortlichkeiten enthält. Die To-do-Liste dient den einzelnen Projektteammitgliedern zur täglichen Planung sowie zum Treffen von Vereinbarungen.

Beispiel Winterfest:

Die Teammitglieder tragen alle übernommenen Aufgaben (z. B. aus den wöchentlichen Koordinationssitzungen und aus den Arbeitspaket-spezifikationen) in ihre To-do-Listen ein. Diese sind über Google Docs für alle sichtbar, was wiederum der Qualitätssicherung des Projekts und auch dem Lernen der Teammitglieder dient.

Hilfreiche Apps
Apps wie Basecamp helfen, die Projektkoordination durchzuführen, da alle betroffenen Personen über eine Plattform kommunizieren und arbeiten können.

PROJEKTNAME: WINTER-BREAK-PARTY 20.. PROJEKTNUMMER: 7		TO-DO-LISTE PER 04. 10. 20..		
PSP-Code von zugehörigem Arbeitspaket	Vorgang	Zuständigkeit	Fertigstellungstermin	Status
7.1.1	Check Projekthandbuch Basisplan vor Übergabe an den Projektcoach	Anna Schuster	05.10.20..	offen
7.1.2	Fertigstellung der persönlichen To-do-Liste	Anna Schuster	10.10.20..	begonnen
Version: 1.0	Datum: 04. 10.	Erstellerin: Anna	Seite 1 von 1	

Selbstverständlich können die einzelnen Tätigkeiten auch von den Arbeitspaketspezifikationen oder direkt aus dem Projektstrukturplan in einen elektronischen Terminkalender, der von der Gruppe gemeinsam benützt wird, eingetragen werden. Programme wie Outlook oder iCal eignen sich sehr gut dazu.

Ü 4.2 To-do-Listen

Überlegt für euer Projekt, wie ihr die To-do-Listen führen wollt (Papierlisten, Listen in Word oder Excel, Nutzung einer App, Outlook …). Übertragt dann die euch zugeteilten Aufgaben in eure persönliche To-do-Liste und aktualisiert diese laufend! Einigt euch auf eine gemeinsame Vorgehensweise und eventuell die Verwendung einer Plattform und erstellt darüber ein Protokoll.

 **ZUSATZINHALT**
Vorlagen für To-do-Listen und Protokolle findest du im E-Book.

3 Projektänderungen managen

Projekte sind dynamisch und verlaufen nicht geradlinig. Das Management von Projektänderungen bedeutet damit Planung und Realisierung von zum Teil tief greifenden Veränderungen im Projekt.

Veränderungsprozesse verlaufen intervallartig, da sie menschliche Akzeptanz und Einsicht benötigen. Damit die Organisation bzw. das Projektteam schnell auf die neuen Herausforderungen reagieren kann, sind bewusste, von der Organisation geplante und initiierte Lern- und Veränderungsprozesse notwendig. Damit diese Prozesse erfolgreich ablaufen können, sollten die betroffenen Menschen ihr eigenes Verhalten reflektieren können.

 **LERNKARTE**

Mit Projektänderungen umgehen: Um mit Projektänderungen professionell umzugehen, muss man zunächst wissen, was die Änderungen verursacht.

Änderungen in Projekten entstehen durch
- unerwartete Ereignisse,
- neue Anforderungen der Projektauftraggeberin/des Projektauftraggebers bzw. der Kundin oder des Kunden,
- eine anders als geplant durchgeführte Projektabwicklung,
- andere Bereiche der eigenen Organisation,
- gesetzliche oder technologische Änderungen u. v. m.

Das kann die Änderung des Projektauftrags bzw. der mit den Kundinnen/Kunden und Lieferantinnen/Lieferanten vereinbarten Vertragsbedingungen zur Folge haben.

> Ziel des Änderungsmanagements in Projekten ist es,
> - die Änderungen im Griff zu haben,
> - die Umfeldbeziehungen aktiv zu gestalten und eigene sowie fremde **Claims** (strittige Nachforderungen aus Änderungen) rasch zu erfassen.
>
> Besser ist es, die Änderungen einvernehmlich mittels **Projektänderungsformular** (Change Request) zu dokumentieren, analysieren, bewerten, kommunizieren sowie Maßnahmen zu definieren, zu verfolgen und umzusetzen.

Projekte werden wegen der Dynamik des Umfelds so gut wie nie ohne Modifikationen abgewickelt. Das Problem besteht allerdings darin, das **Projekt so abzuwickeln**, dass es

- entsprechend den geänderten Anforderungen **inhaltlich richtig** abgewickelt wird,
- von der Kundin bzw. vom Kunden **akzeptiert** wird, die Kostenwirksamkeit der Änderungen erfasst und diese in Rechnung gestellt und somit wirtschaftlich optimal abgewickelt werden.

Beim Management von Änderungen im Projekt sind
- die fachlich-inhaltliche Ebene,
- die soziale Ebene sowie
- die rechtlich-finanzielle Ebene

zu unterscheiden.

Folgende Aufgaben sind bei der Verfolgung der **fachlich-inhaltlichen Änderungen** vorzunehmen:
- Erfassung der Änderungsanträge
- Prüfung des Vertrags
- Analyse der Bewertung der Auswirkungen der Änderungen
- Management der Schnittstellen
- Entscheidungsaufbereitung und Genehmigung der Änderung
- Änderungsmitteilung
- Information aller Betroffenen
- Steuerung der Umsetzung der Änderung
- Lenkung der Dokumentation (z. B. Anpassung der Versionsnummer, Kennzeichnung des Änderungsstandes, ungültige Dokumente aus dem Verkehr ziehen …)

PM+

Da es sich beim Änderungsmanagement um wesentliche Änderungen handelt, müssen diese dokumentiert **(Formular Change Request)** und mit den Betroffenen vereinbart werden.

Im Unterschied dazu sind **Claims** Mehrleistungsforderungen, die nicht vereinbart wurden. Man unterscheidet eigene und fremde Claims, die jedoch tunlichst vermieden werden sollten, weil sie massiven Einfluss auf das Budget haben.

Fremde Claims sind die Ansprüche der Auftraggeberin/des Auftraggebers an die Auftragnehmerin/den Auftragnehmer (z. B. wegen Abweichungen von der vereinbarten Leistung, mangelhafter Leistungen, Forderungen aus dem Titel Schadenersatz oder Produkthaftung). Fremde Claims können durch folgende Maßnahmen verhindert werden:
- Das Projektteam kennt den Vertrag und die Vertragsänderungen.
- Die auftretenden Unklarheiten werden rechtzeitig aufgedeckt, klargestellt und dokumentiert.

- Das Änderungswesen ist im Vertrag geregelt.
- Das Projektcontrolling wird aktiv durchgeführt.
- Die eigene Vertragserfüllung wird laufend sichergestellt und überprüft.
- Das Claim-Management steht auf der Tagesordnungsliste der Projektteamsitzungen.
- Die Kundenkorrespondenz wird geprüft, und es wird hinsichtlich Claims bewusst geantwortet und reagiert.
- Das Verhalten der Kundinnen/Kunden wird hinsichtlich sich anbahnender Claims analysiert.
- Sämtliche Ereignisse, Abweichungen oder besondere Vorkommnisse werden aufgezeichnet.
- Anweisungen, Entscheidungen, Änderungen und wichtige Unterlagen werden immer schriftlich bestätigt.

Beim Aufbau von **Eigen-Claims,** das sind Ansprüche der Auftragnehmerin/des Auftragnehmers an die Auftraggeberin/den Auftraggeber oder sonstige Gruppen aus dem Umfeld, ist auf die nicht vertragskonforme Gegenleistung der Auftraggeberin/des Auftraggebers, vom Vertrag abweichende Leistungen und Erschwernisse hinsichtlich Vertragserfüllung zu achten. Man sollte unbedingt das Prozessrisiko (Lässt sich der Anspruch auch juristisch durchsetzen, gibt es genügend Beweise?) prüfen, bevor gerichtliche Schritte eingeleitet werden. Noch schwieriger wird das Unterfangen, wenn es sich um ein internationales Projekt handelt. Es empfiehlt sich daher, die Claims mittels Verhandlungen durchzusetzen, wobei auf folgende Punkte geachtet werden sollte:
- Verhandlungsziel klar formulieren und festlegen
- die richtige (entscheidungskompetente) Gesprächspartnerin/den richtigen (entscheidungskompetenten) Gesprächspartner auswählen
- Verhandlungen zumindest zu zweit führen
- günstigen Ort (Heimvorteil) und Zeit selbst festlegen
- Unterlagen perfekt vorbereiten
- auf die Gesprächspartnerin/den Gesprächspartner einstellen
- die Erwartungen der Gesprächspartnerin/des Gesprächspartners einschätzen
- Verhandlungsstrategie samt Lösungsalternativen überlegen

Beispiel Winterfest: Das Projektteam hat einen Mietvertrag für die Musikanlage abgeschlossen. Leider ist das Unternehmen inzwischen in Konkurs gegangen. Das haben sie kurz vor dem Event bei einem Anruf festgestellt, der eigentlich nur zur Sicherheit, ob alles wie geplant ablaufen wird, dienen sollte. Somit müssen sie sich einen neuen Vermieter für die Anlage suchen. Zu allem Leidwesen ist die Anlage damit auch noch um ca. 5 % teurer geworden. Sie wenden sich mit ihrem Problem an den Elternverein, der die Zusatzkosten übernimmt. Die Ergebnisse werden im Änderungsformular dokumentiert. Außerdem werden alle Teammitglieder von der Änderung verständigt. Schadenersatzansprüche können sie an den ursprünglichen Vertragspartner leider keine stellen, da das Unternehmen sich durch den Konkurs in Auflösung befindet und zahlungsunfähig ist.

PM+

PROJEKTNAME: WINTER-BREAK-PARTY 20.. PROJEKTÄNDERUNGSFORMULAR (CHANGE REQUEST) PROJEKTNUMMER: 7			
Betroffenes Arbeitspaket: 7.6.4 Musikanlage organisieren und aufstellen			
Änderung: Anderer Vermieter der Musikanlage		Änderungsnummer: 01	
Antragsteller: Lukas Hofer		Projektleitung: Anna Schuster	
Beschreibung der Änderung und Begründung: Die Musikanlage muss bei einem anderen Vermieter ausgeborgt werden (Grund: Konkurs des Erst-Vermieters).			
Beschreibung der Auswirkungen auf den Projektinhalt, die Termine und Kosten: Die Kosten für die Miete der Musikanlage steigen um ca. 5 % (siehe Kostenvergleich), Mehrkosten werden durch den Elternverein übernommen, Termine können gehalten werden.			
Genehmigung:		Projektauftraggeberin: Dir. Dr. Leiter	
		Projektleiterin: Anna Schuster	
		Verteiler: Projektteam, Projektauftraggeberin, Projektcoach	
Anhang: Kopien der drei eingeholten Angebote, Kostenvergleich			
Version: 1.0	Datum: 05. 12. 20..	Ersteller: Lukas	Seite 1 von 1

Die Mehrkosten werden im adaptierten Projektkostenplan dokumentiert.

Ü 4.3 Änderungen

Analysiert für euer Projekt, wie Änderungen entstehen könnten. Haltet eine mögliche Vorgangsweise fest (auf das Projektänderungsformular nicht vergessen!) und geht auch auf die Problematik der eigenen und fremden Claims ein.

Projektänderungen haben auch Grenzen – z. B. gesetzliche, wie jene, die in den Bauordnungen festgehalten sind. Auch wenn Änderungen in Projekten der Baubranche sehr üblich sind, müssen hier die Vorgaben eingehalten werden.

Können

K 4.1 Mindmap

Erstellt in der Gruppe eine Mindmap, in der die wesentlichen Inhalte dieses Kapitels übersichtlich zusammengefasst werden.

WEITERE AUFGABEN ZU DIESEM KAPITEL IM E-BOOK.

 ZUSATZINHALT
Im E-Book findest du einen Multiple-Choice-Test, der sich an den Zertifizierungsanforderungen orientiert, sowie Aufgaben mit automatischer Kontrolle.

 AUFGABEN
K 4.2 – K 4.3

Kompetenzcheck

KOMPETENZEN KAPITEL 4	KANN ICH	LEHRSTOFF	WENN ICH NOCH ÜBEN MUSS ...
Ich kann die Projektkoordination sicherstellen.		Lerneinheit 1	Ü 4.1
Ich kann die Kommunikation im Projekt durch Einladungen, Tagesordnungen und Protokolle effizient gestalten.		Lerneinheit 1	Ü 4.1
Ich kann die Projektdurchführung mittels To-do-Listen unterstützen.		Lerneinheit 2	Ü 4.2
Ich kann, falls erforderlich, Projektänderungen managen und das Projektänderungsformular (Change Request) ausfüllen.		PM+ Lerneinheit 3	Ü 4.3
Ich kann erklären, wie eigene und fremde Claims vermieden werden können.		Lerneinheit 3	Ü 4.3

Karin Kuchler, Daniela Javorics, Dominik Sinnreich, Odin Kröger

Maturavorbereitung
Vorwissenschaftliche Arbeit/Diplomarbeit

AHS/BHS

Effiziente Vorbereitung führt zum Erfolg.

- Kompakte Informationen
- Schritt-für-Schritt-Anleitungen
- Beispieltexte
- Checklisten
- Tipps und Tricks
- Troubleshooting

Maturavorbereitung
Vorwissenschaftliche Arbeit/Diplomarbeit
Auflage 2013, 118 Seiten
20,5 × 29 cm, 4-färbig, € 17,80
ISBN 978-3-7068-4361-4

5

Projekt controllen

Worum geht's in diesem Kapitel?

Die Projektleitung soll absichtlich jene Informationen auswählen können, die als vernünftig gelten, um die Projektziele zu erreichen. Als Mittel dazu wird Controlling eingesetzt. Es funktioniert wie auf hoher See: Wenn die Kapitänin/der Kapitän über wichtige Informationen wie Wetter, Windstärke und Position verfügt, kann das Schiff auch in den richtigen Haften gesteuert werden.

AUFGABE

Welche Informationen braucht die Projektleitung?

Macht im Team ein Brainstorming und überlegt euch, welche Informationen die Projektleiterin bzw. der Projektleiter zur zielgerichteten Steuerung eures Projekts benötigt.

In diesem Kapitel lernst du:

- das Projektcontrolling zu organisieren
- den Projektstatus festzustellen und das Projekthandbuch zu aktualisieren
- den Projektfortschritt zu bewerten und im Projektfortschrittsbericht festzuhalten
- die Projektpläne anzupassen
- die Project Score Card zu erklären

Projekt controllen

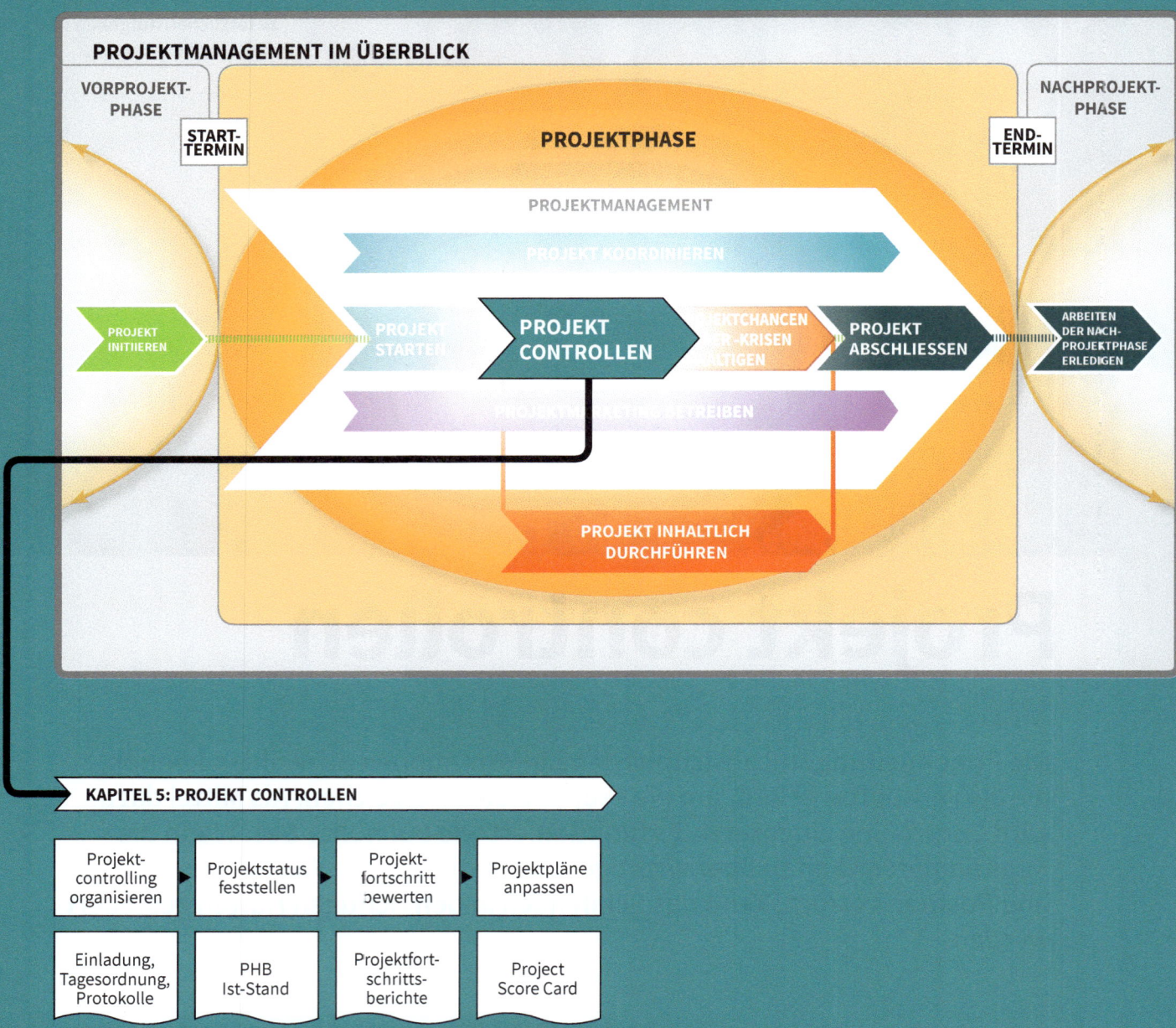

PROJEKTMANAGEMENT IM ÜBERBLICK

VORPROJEKT-PHASE

START-TERMIN

PROJEKTPHASE

END-TERMIN

NACHPROJEKT-PHASE

PROJEKTMANAGEMENT

PROJEKT KOORDINIEREN

PROJEKT INITIIEREN

PROJEKT STARTEN

PROJEKT CONTROLLEN

PROJEKTCHANCEN -ODER -KRISEN BEWÄLTIGEN

PROJEKT ABSCHLIESSEN

ARBEITEN DER NACH-PROJEKTPHASE ERLEDIGEN

PROJEKTMARKETING BETREIBEN

PROJEKT INHALTLICH DURCHFÜHREN

KAPITEL 5: PROJEKT CONTROLLEN

Projekt-controlling organisieren	Projektstatus feststellen	Projekt-fortschritt bewerten	Projektpläne anpassen
Einladung, Tagesordnung, Protokolle	PHB Ist-Stand	Projektfort-schritts-berichte	Project Score Card

Das Projektcontrolling umfasst die hervorgehobenen Phasen.

1 Projektcontrolling organisieren

Das Projektcontrolling soll helfen, Abweichungen von den Projektzielen früh zu erkennen und gegebenenfalls gegenzusteuern.

 **LERNKARTE**

Projektcontrolling: Projektcontrolling ist eine begleitende Maßnahme zur Überwachung der Projektentwicklung.

Im Projektcontrolling werden die Ist-Daten erfasst und den Soll-Werten gegenübergestellt. Das betrifft alle geplanten Faktoren wie Termine, Zeitaufwand, Kosten, Umwelt etc. Auslöser für die Controllingmaßnahmen sind entweder die gesetzten Meilensteine oder die vereinbarten Sitzungen laut Kommunikationsstruktur. Die Ergebnisse des Projektcontrollings werden in Projektstatusberichten festgehalten. Darin finden sich auch beschlossene Maßnahmen mit Terminen und Verantwortlichen.

Controllingsitzungen werden mit Einladungen, Tagesordnungen und Protokollen organisatorisch und kommunikativ unterstützt.

Projektcontrolling umfasst folgende Aufgaben:

- Die Projektleiterin bzw. der Projektleiter wird mit Informationen hinsichtlich Zielerreichung und Erfolgskriterien unterstützt.
- Es werden Kennzahlen und Messsysteme entwickelt, damit Abweichungen überhaupt erkannt und der Projekt(zwischen)erfolg ermittelt werden kann.
- Es werden Standards und Zyklen für das Controlling angewandt.
- Die Projektpläne werden laufend hinsichtlich Soll und Ist verglichen.
- Die Ergebnisse von Steuerungsmaßnahmen werden interpretiert und Folgemaßnahmen daraus abgeleitet. Es werden Projektberichte und die Projektdokumentation sichergestellt.
- Die Projektumweltentwicklung wird verfolgt.
- Es wird sichergestellt, dass die im Projekt gemachten Erfahrungen optimal aufbereitet und weitergegeben werden.

In der **Controllingsitzung** sind folgende Aktivitäten zu setzen:

- Die aktuellen Ist-Daten werden gesammelt, überprüft und in der entsprechenden Form (Tabelle, Grafik etc.) dokumentiert zur Controllingsitzung mitgebracht. Der Nutzen der Datenerfassung muss in einem sinnvollen Verhältnis zum entsprechenden Aufwand stehen. Die Ist-Daten selbst sollen inhaltlich und formal richtig, aktuell, vollständig, relevant und rückverfolgbar sein.

- In der Controllingsitzung werden die Ist-Daten mit den Soll-Daten verglichen und eventuelle positive oder negative Abweichungen festgehalten.

- Falls nötig, werden entsprechende Maßnahmen mit Terminen und Verantwortlichen festgelegt.

- Im Anschluss muss noch das Projekthandbuch überarbeitet werden (z. B. der Meilensteinplan in der Spalte adaptierter Plan und/oder Ist-Termin ergänzt werden).

- Es muss ein Projektfortschrittsbericht erstellt werden.

- Bei größeren Abweichungen und Problemen muss die Projektauftraggeberin/der Projektauftraggeber informiert werden.

Tipps:

- Controlling soll helfen, Abweichungen möglichst früh zu erkennen, um bei negativen Abweichungen sofort gegensteuern zu können. Damit bleiben stets die Projektziele im Blickfeld.

- Widmet euch nicht nur den Zahlen, Daten und Fakten, sondern kümmert euch auch um Beziehungen, Stimmungen und Gefühle im Projektteam und auch zur Projektumwelt.

- Die Anzahl der Controllingsitzungen hängt von der Planungstiefe ab. Je genauer du geplant hast, desto genauer musst du nun controllen. Aber auch hier gilt: so viel wie nötig, so wenig wie möglich. Controlling bedeutet einen nicht zu unterschätzenden Ressourcenaufwand (vor allem Zeit und damit Personalkosten).

IT-Projekte
Viele IT-Projekte erreichen ihre Ziele nicht vollständig, verspätet oder mit Mehrkosten.

Im Unterschied zum Controlling machen manche Organisationen eine **Projektrevision.** Darunter versteht man die punktuelle und nachgelagerte Analyse und Auswertung einer Projektphase oder eines gesamten Projekts.

Beispiel Winterfest: Anna lädt, wie im Tool Kommunikationsstruktur geplant, als Projektleiterin zur monatlichen Controllingsitzung jeden ersten Mittwoch im Monat von 14:00 bis 18:00 Uhr per E-Mail ein. Sie bittet in der Tagesordnung alle Teammitglieder, die Ist-Daten zu jedem Arbeitspaket, das bis dato in Angriff genommen oder erledigt sein sollte, zu dieser Sitzung mitzunehmen. Wie bei jeder Sitzung wird das Protokoll gleich über den Beamer allen gezeigt und im Anschluss verschickt.

Ü 5.1 Projektcontrolling organisieren

Damit das Projektcontrolling in eurem Projekt gut organisiert ist und die Projektleitung mit den nötigen Informationen versorgt ist, kontrolliert, was ihr im Tool Kommunikationsstruktur hinsichtlich Projektcontrollingsitzungen festgelegt habt. Tragt auch diese Termine in eure Terminkalender ein und bereitet jeweils Einladung, Tagesordnung und Protokoll für euer Projekt vor.

2 Projektstatus feststellen

Ist-Daten zum Projekt und zum Projektfortschritt werden laufend erfasst und im Projekthandbuch dokumentiert.

 **LERNKARTE**

Projektstatus: Der Projektstatus wird festgestellt, indem die Ist-Daten zu Leistungen, Ressourcen, Kosten, Terminen, Projektumwelten, Projektorganisation und Prozessqualität laufend erfasst werden.

Wie im PDCA-Zyklus ersichtlich, geht es um den Schritt „Check",

- bei dem die Ist-Daten erfasst,
- in Folge im Projekthandbuch dokumentiert,
- sowie Abweichungen, Ursachen und Konsequenzen analysiert werden.

Welche Daten erhoben werden sollen, steht in unmittelbarem Zusammenhang mit der Projektplanung. In den Controllingsitzungen sind die Pläne laufend hinsichtlich des aktuellen Stands zu analysieren.

Controlling dient dem Lernen des Projektteams und der ständigen Verbesserung. Es sollen daher Fehler beseitigt, aber nicht Schuldige gesucht werden.

Beispiel Winterfest: Anna bittet alle Teammitglieder, die Ist-Daten zu jedem Arbeitspaket, das bis dato in Angriff genommen oder erledigt sein sollte, zur Sitzung mitzunehmen. Sie selbst verschafft sich mithilfe des Projekthandbuchs vorher einen Überblick und listet die notwendigen Ist-Daten zu Leistungen, Ressourcen, Kosten, Terminen und Prozessqualität in der Tagesordnung auf. Natürlich haben auch die Stimmung, die Beziehungen und die Emotionen im Team Raum in der Besprechung.

Ü 5.2 Projektstatus feststellen

Analysiert anhand eures Projekthandbuchs für die wiederkehrende Aufgabe „Projektstatus feststellen", welche Daten zu welchen Zeitpunkten vorhanden sein sollten. Es empfiehlt sich auch, eine Verantwortliche oder einen Verantwortlichen für das Projektcontrolling zur Unterstützung der Projektleitung zu bestimmen.

3 Projektfortschritt bewerten

Die Bewertung des Projektfortschritts erfolgt durch einen Soll-Ist-Vergleich der geplanten mit den tatsächlichen Daten und wird in einem Projektfortschrittsbericht festgehalten.

LERNKARTE

Projektfortschritt: Der Projektfortschritt im Projekt wird durch einen Soll-Ist-Vergleich bewertet.

Die geplante/n mit der/n tatsächlichen bzw. bis jetzt angefallenen Leistungen, Ressourcen, Kosten, Terminen und Prozessqualität werden verglichen und mit einer vorher vereinbarten Methode zur Festlegung des Fortschrittsgrades bewertet. Die Ergebnisse werden im **Projektfortschrittsbericht** mit den wesentlichen Elementen

- Gesamtstatus,
- Status Zielsetzungen,
- Status Leistungserstellung,
- Status Termine,
- Status Ressourcen und Kosten,
- Status Projektumwelten und
- Status interne Beziehungen

festgehalten.

Die folgenden Tools und Techniken helfen bei der Bewertung des Projektfortschritts (beim Soll-Ist-Vergleich):

Der **Fortschrittsgrad** kann folgendermaßen identifiziert werden:

- im Mengenverhältnis (z. B. anhand quantitativer Größen wie Gewicht)

- mit der 0/50/100-%-Methode (Jedes begonnene Arbeitspaket wird als zu 50 % fertig gewertet, wurde es noch nicht begonnen, werden 0 % gewertet. Erst wenn es vollständig abgearbeitet wurde, darf man 100 % ansetzen.)

- Statusschritt-Methode (Meilensteine im Arbeitspaket): Diese eignet sich vor allem dann, wenn es keinen quantitativen Faktor gibt. Schon im Arbeitspaket wird festgelegt, wie viel Prozent jeder Schritt zur Fertigstellung beiträgt – damit werden im Arbeitspaket Meilensteine gesetzt.

- Schätzung der Restleistung: Es wird geschätzt, wie hoch die noch zu erbringende Leistung (im Sinne von noch fehlend) ist. Hier sollte allerdings nicht der dafür erforderliche Zeitaufwand angesetzt werden, weil er nicht unbedingt im proportionalen Zusammenhang mit der Leistung steht.

Die **Prozessqualität** im Projekt könnte mittels Fragebogen erfasst werden. Dieser sollte die Bereiche

- Organisation (angemessene Anzahl, Dauer, Vorbereitung und Effizienz der Sitzungen, Koordination, klare Projektrollendefinition),
- Methoden und Instrumente des Projektmanagements,
- Kommunikation,
- Kompetenz hinsichtlich Projektmanagement und inhaltlicher Ebene sowie
- Gesamteindruck

enthalten.

Die **Terminerfassung** sollte der Projektgröße angemessen sein. Bei kleineren Projekten reicht die Verfolgung der Meilensteine. Eine detaillierte Verfolgung der Termine ist bei pönalisierten Projekten wegen der Gefahr des damit drohenden pauschalierten Schadenersatzes wegen Nichteinhaltung der Termine dringend anzuraten.

Die **Ist-Kosten** können aufgrund von Stundenaufzeichnungen (siehe Tätigkeitsbericht), Eingangsrechnungen, Zwischenrechnungen, Lieferscheinen etc. erfasst werden.

Der Soll-Ist-Vergleich kann wie folgt geschehen:

- Die bereits erbrachten Leistungen werden im Projektstrukturplan markiert (z. B. durchgestrichen) oder in einem schriftlichen Bericht mittels Prozentangabe dargestellt.
- Der Vergleich der Termine kann durch eine tabellarische Darstellung und/oder durch eine **Meilenstein-Trendanalyse** erfolgen.

Die Soll-Ist-Termine können auch im Balkenplan erfasst werden. Selbstverständlich werden auch die Ressourcen und Kosten (meist tabellarisch) hinsichtlich Ist- und Soll-Werten gegenübergestellt.

Im Rahmen der **Earned-Value-Analyse** wird der Leistungsfortschritt (Earned Value bzw. Leistungswert) zum Kontrollstichtag in Geld bewertet. Dabei werden auch die Restkosten geschätzt und eine Grundlage für die leistungsbezogene Bezahlung durch den Kunden geschaffen. Der Earned Value entspricht den Soll-Kosten der Ist-Leistung.

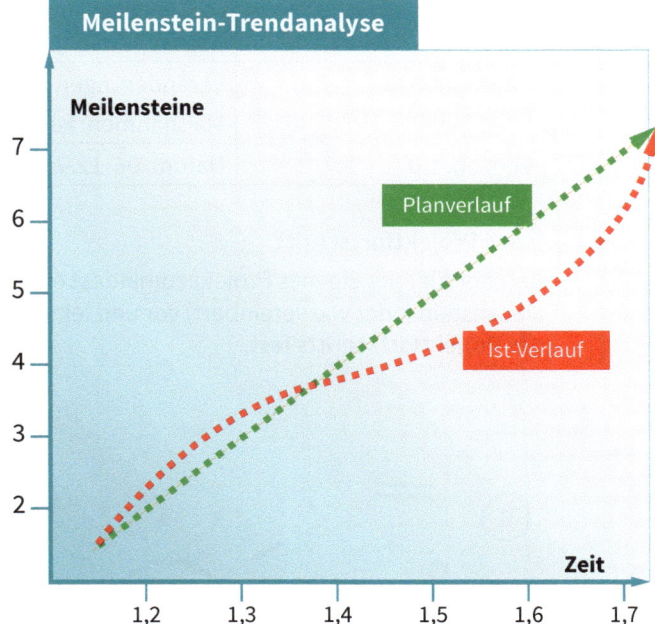

Beispiel Winterfest: Bei der monatlichen Controllingsitzung berichten die Projektteammitglieder über ihren Arbeitsfortschritt und dieser ist sehr erfreulich. Das Projekt ist im Plan – es wurde sogar die Vorgabezeit um fünf Tage unterschritten. Auch die Änderung (Konkurs des Vermieters der Musikanlage) wurde erfolgreich bewältigt. Anna bittet auch alle Teammitglieder, den Feedbackbogen auszufüllen. Damit hat sie Daten für die Soft Facts. Somit ist alles bestens und der Projektfortschrittsbericht sieht sehr gut aus:

PROJEKTNAME: WINTER-BREAK-PARTY 20.. PROJEKTNUMMER: 7	PROJEKTFORTSCHRITTSBERICHT	
Gesamtstatus: **OK**	Projekt ist im Plan. Die Vorgabezeit wurde um fünf Tage unterschritten.	
Status Zielsetzungen: **OK**	Veränderungen und Probleme: keine Maßnahmen: keine	
Status Leistungs-erstellung: **OK**	Veränderungen und Probleme: keine, alle AP der Phase 7.5 wurden zu 100 % erledigt Maßnahmen: keine	
Status Termine: **OK**	Veränderungen und Probleme: Vorgabezeit wurde um fünf Tage unterschritten. Maßnahmen: keine	
Status Kosten und Ressourcen: **OK**	Veränderungen und Probleme: Personalkosten wurden aufgrund der Zeiteinsparung unterschritten, Mehrkosten der Musikanlage werden durch den Elternverein gedeckt. Maßnahmen: keine weiteren	
Status Projekt-umwelten: **OK**	Veränderungen und Probleme: Konkurs des ursprünglichen Vermieters der Musikanlagen Maßnahmen: bereits erfolgt: Vertrag mit neuem Musikanlagenvermieter wurde abgeschlossen, zusätzliche Kosten übernimmt der Elternverein.	
Status interne Beziehungen: **OK**	Veränderungen und Probleme: keine Maßnahmen: keine	
Version: 1.0	Datum: 06.12.20..	Erstellerin: Anna	Seite 1 von 1

Ü 5.3 Projektfortschritt

Bereitet für euer eigenes Projekt zumindest einen Projektfortschrittsbericht pro Meilenstein (oder wie vereinbart) vor und legt eine Methode für die Feststellung des Projektfortschritts fest.

4 Projektpläne anpassen

Projekte leben! Die Projektplanung wird nicht nur zu Beginn erstellt. Sie muss laufend angepasst werden, damit auch die Projektsteuerung gelingt.

Die beste Projektplanung nützt nichts, wenn mit ihr nicht laufend gearbeitet wird. Leider passiert es in der Praxis immer wieder, dass Projektpläne nur gemacht werden, um Formalkritieren der Organisation zu erfüllen.

 **LERNKARTE**

Projektpläne anpassen: Im Verlauf eines Projekts ergeben sich immer wieder Änderungen, wodurch die Projektpläne adaptiert werden müssen.

Wenn die Daten der begonnenen bzw. bis jetzt angefallenen Leistungen, Ressourcen, Kosten, Termine und der Prozessqualität erhoben und analysiert wurden, müssen die **Projektpläne angepasst** werden (Spalte „… adaptiert …").

Es empfiehlt sich auch die Erstellung einer Project Score Card, um den Überblick zu behalten.

PM+

Ähnlich der Balanced Score Card gibt es auch eine **Project Score Card,** die der Visualisierung des Projektstatus dient. Dabei können Projektziele und Kontext, Projektleistungen, Kosten, Termine, Projektorganisation, interne Projektumwelten und externe Projektumwelten, z. B. mit einer Ampelgrafik (rot = Krise, gelb = Schwierigkeiten, grün = OK) dargestellt werden.

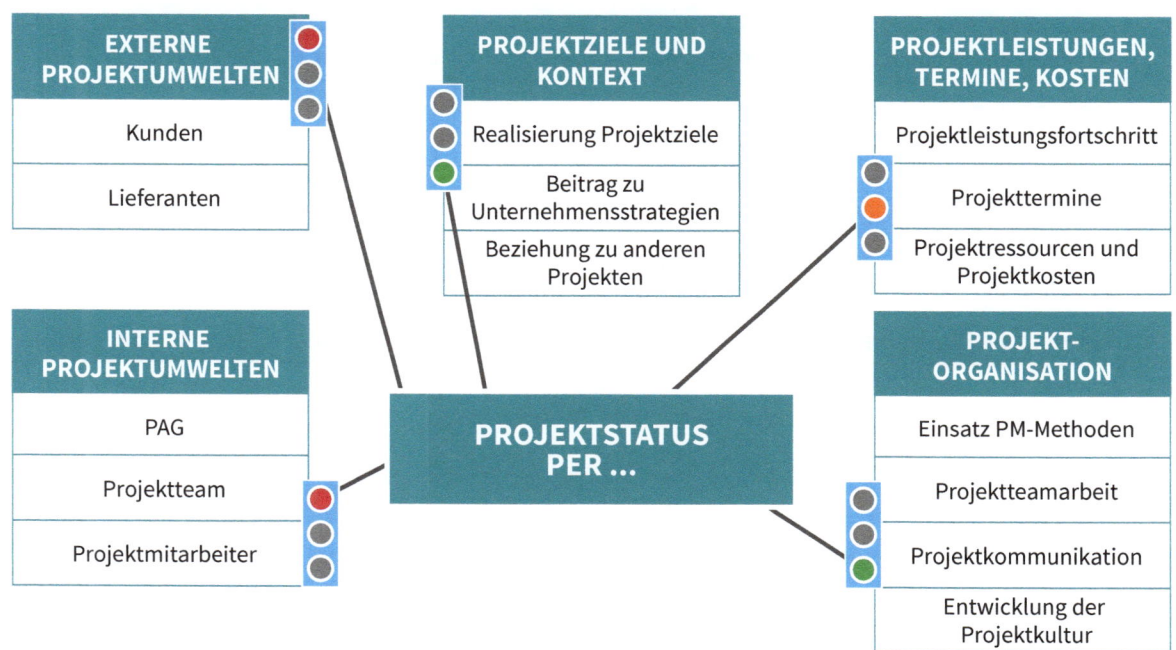

Beispiel Winterfest: Bei der monatlichen Controllingsitzung wird auch gemeinsam im Team festgelegt, wer die Projektpläne bis wann aktualisiert und wieder an alle Teammitglieder zwecks Überblick ausschickt.

Ü 5.4 Projektpläne

Legt für euer eigenes Projekt fest, wie die Projektpläne aktualisiert werden und führt diese Tätigkeiten regelmäßig (wie festgelegt) durch.

Können

K 5.1 Plakat

Erstellt in der Gruppe ein Plakat, in dem die wesentlichen Inhalte dieses Kapitels übersichtlich grafisch zusammengefasst werden.

WEITERE AUFGABEN ZU DIESEM KAPITEL IM E-BOOK.

Ⓜ **ZUSATZINHALT**
Im E-Book findest du einen Multiple-Choice-Test, der sich an den Zertifizierungsanforderungen orientiert, sowie Aufgaben mit automatischer Kontrolle.

Ⓜ **AUFGABEN**
K 5.2 – K 5.3

Kompetenzcheck

KOMPETENZEN KAPITEL 5	KANN ICH	LEHRSTOFF	WENN ICH NOCH ÜBEN MUSS …
Ich kann das Projektcontrolling organisieren.		Lerneinheit 1	Ü 5.1
Ich kann den Projektstatus feststellen.		Lerneinheit 2	Ü 5.2
Ich kann den Projektfortschritt bewerten.		Lerneinheit 3	Ü 5.3
Ich kann das Projekthandbuch aktualisieren.		Lerneinheit 4	Ü 5.4
Ich kann den Projektfortschrittsbericht erstellen.		Lerneinheit 4	Ü 5.4
Ich kann die Projektpläne anpassen.		Lerneinheit 4	Ü 5.4

6 Projektmarketing betreiben

Worum geht's in diesem Kapitel?

Aktives Projektmarketing während der gesamten Projektdauer leistet einen wesentlichen Beitrag zur Sicherung des Projekterfolgs. Da Projekte Neuartiges zum Inhalt haben, ist es wichtig, darüber zu kommunizieren, um Bedenken zu entschärfen und die Unterstützung wichtiger Personenkreise zu sichern.

AUFGABE

Gerüchte

- Macht ein Brainstorming über mögliche Gerüchte über euer Projekt.
- Spielt in der Klasse im Anschluss „Stille Post", indem ihr das Gerücht über zumindest 10 Personen weitergebt.
- Analysiert, was aus der Nachricht geworden ist und welche Konsequenzen das für euer Projekt haben könnte.

In diesem Kapitel lernst du:

- **Projektmarketing zu planen**
- **wie du die geplanten Projektmarketingaktivitäten durchführst**

Projektmarketing betreiben

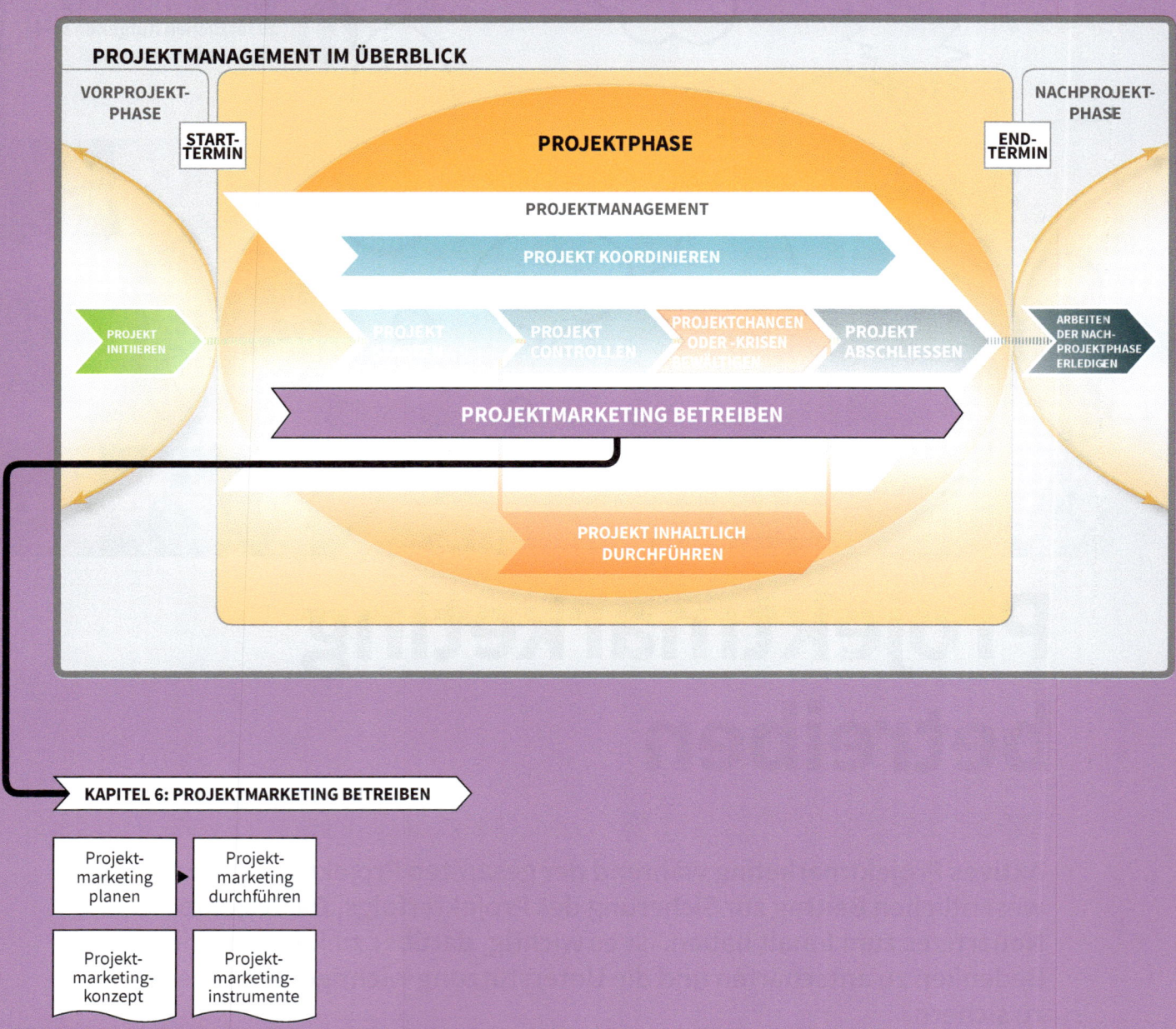

PROJEKTMANAGEMENT IM ÜBERBLICK

VORPROJEKT-PHASE

NACHPROJEKT-PHASE

START-TERMIN

END-TERMIN

PROJEKTPHASE

PROJEKTMANAGEMENT

PROJEKT KOORDINIEREN

PROJEKT INITIIEREN

PROJEKT PLANEN

PROJEKT CONTROLLEN

PROJEKTCHANCEN ODER -KRISEN BEWÄLTIGEN

PROJEKT ABSCHLIESSEN

ARBEITEN DER NACH-PROJEKTPHASE ERLEDIGEN

PROJEKTMARKETING BETREIBEN

PROJEKT INHALTLICH DURCHFÜHREN

KAPITEL 6: PROJEKTMARKETING BETREIBEN

Projekt-marketing planen	Projekt-marketing durchführen
Projekt-marketing-konzept	Projekt-marketing-instrumente

Das Projektmarketing umfasst die hervorgehobenen Schritte.

1 Projektmarketing planen

Das Projektmarketing kann sich auf das Produkt des Projekts oder den Prozess des Projekts beziehen.

Ⓜ LERNKARTE

Projektmarketing: Projektmarketing beginnt mit dem Projektstart und endet mit dem Projektabschluss.

Projektmarketing erstreckt sich über die gesamte Projektlaufzeit und kann auf das **Produkt des Projekts** mit den klassischen Marketinginstrumenten, aber auch auf den **Prozess des Projekts** bezogen sein. Je nach Teilprozess sind unterschiedliche Instrumente möglich und werden vorab in der **Planung des Projektmarketings** berücksichtigt.

PROZESSORIENTIERTES PROJEKTMARKETING

Beauftragung	Planung	Durchführung	Abschluss
• Logo • Name	• Auftrag	• Informations-blatt • Sitzungen • Events • Mitteilungs-brett • Berichte	• Präsentation • Schautafel • Homepage • Presse-information • Dokumentation

ZEITPLAN

Für das produktbezogene Marketing werden die klassischen Marketinginstrumente herangezogen, die du schon in Betriebswirtschaft kennengelernt hast. Steht die **Vermarktung des Projekts** selbst im Vordergrund, werden z. B. folgende **Instrumente** verwendet:

- **Projektauftrag:** eine sehr nüchterne Informationsquelle

- **Berichte** fassen die wesentlichen Punkte zum gegebenen Zeitpunkt zusammen, wobei die Qualität vom Berichterstatter abhängt und Social Media berücksichtigt werden sollten.
- **Projekthandbuch:** die umfassendste, umfangreichste schriftliche Informationsquelle
- **Projektmitteilungsblatt bzw. Projektinformationsblatt:** eine gute Möglichkeit, um die Organisationsmitglieder über das Projekt, und zwar über wesentliche Punkte, schriftlich zu informieren bzw. wichtige Dinge mitzuteilen
- **Einbeziehung** von relevanten Projektumwelten (Stakeholder) in Sitzungen und/oder Veranstaltungen; eine gute Möglichkeit, das Umfeld auf der persönlichen Ebene einzubeziehen und Konflikten vorzubeugen bzw. das ganz bewusst als Maßnahme der sozialen Kontextanalyse zu tun
- **Informelle Kontakte** sind für ein Projekt immer wichtig – manche Dinge gelingen leichter, weil Hindernisse unterschiedlichster Art beseitigt werden.
- **Projektlogo und -name** schaffen eine gemeinsame Identität des Projektteams und erhöhen die Wiedererkennbarkeit in der Organisation.
- **Veranstaltungen, Events, Feste** verbinden das Angenehme mit dem Nützlichen – kurze Präsentationen, Reden, Shows etc. gefolgt von Getränken und/oder Buffet und Musik machen gute Stimmung zu Beginn bzw. zeichnen das erfolgreiche Team am Abschluss des Projekts aus. Zusätzlich können Kontakte für weitere Projekte oder für den Beginn der Arbeit im Projekt geknüpft werden. Inhaltliche Punkte wie Präsentationen sollten allerdings nicht zu lange dauern und dementsprechend aufbereitet sein.
- Der **Projektraum** dient dem Projektteam als Zuhause, verbindet und motiviert. Sollte dieser Raum auch anderen Organisationsmitgliedern zugänglich sein, kann er auch zur Informationsweitergabe und Werbung für das Projekt genützt werden.
- **Präsentationen** dienen der professionellen und kompakten Information über das Projekt. Sie können vor, während und nach dem Projekt universell eingesetzt werden.

Wir werden uns in der Folge mit dem **prozessorientierten Projektmarketing** beschäftigen. Das prozessorientierte Projektmarketing ist sowohl nach innen (Projektteam) als auch nach außen (Projektumwelt bzw. Stakeholder) gerichtet. Wesentliche Aufgabe des prozessorientierten Projektmarketings ist die Gestaltung der Projektumwelt. Durch die Marketing-Maßnahmen soll

- der Projekterfolg und die Kundenzufriedenheit sichergestellt,
- die Identifikation der Projektteammitglieder mit dem Projekt verbessert und
- die Unterstützung durch wichtige Projektumwelten garantiert werden.

Schon gegen Ende der Phase der Projektbeauftragung können ein **Projektlogo sowie ein Projektname** festgelegt werden. Diese stiften eine sehr starke Projektidentität für das Projektteam und können, sobald die Grundsatzgenehmigung für das Projekt vorliegt, kreiert werden. Bei der Entwicklung sind die kreativen Arbeitsmethoden sehr nützlich.

Liegt als eines der Ergebnisse der Projektplanungsphase (Projektstart) der **Projektauftrag** vor, soll dieser zwecks Information dem Projektteam und wichtigen Personen aus dem sozialen Kontext des Projekts zur Kenntnis gebracht werden.

Selbstverständlich sind auch Instrumente wie Präsentation, Vieraugengespräch, elektronische Kommunikationsplattform, Informationsblatt, Aushang auf dem „Schwarzen Brett" etc. denkbar.

Wird dann das **Projekt durchgeführt,** helfen Informationsblätter, Sitzungen, Events, Projektraum, Mitteilungsbrett, Berichte etc. sowohl nach innen als auch nach außen über den aktuellen Stand des Projekts zu berichten und Informationsdefizite und Widerstände zu beseitigen. Dadurch können Konflikte und Probleme vermieden werden. Halte fest, wer dafür verantwortlich ist und ob es sich um eine Holschuld (z. B. Nachricht auf einem Schwarzen Brett – egal ob elektronisch oder nicht) oder eine Bringschuld (Berichte über den Projektstatus) handelt.

Befindet man sich endlich in der **Phase des Abschlusses,** hat es sich bewährt, die Ergebnisse der Projektauftraggeberin/dem Projektauftraggeber zu präsentieren. Aber nicht nur sie/er soll informiert werden, auch relevante Projektumwelten sind an den Ergebnissen interessiert. Öffentlichkeitsarbeit durch Beiträge auf der Website bzw. Social-Media-Site der Organisation, Presseinformationen, Gestaltung von Schautafeln bieten Interessierten einen guten Überblick über die Ergebnisse und tragen zur Verbesserung des Images der Organisation und des Projektteams bei.

Selbstverständlich werden die Marketingmaßnahmen geplant, durchgeführt, die Ergebnisse bewertet und dann entsprechende Folgemaßnahmen abgeleitet. Die hier angeführten Maßnahmen sind nur als Vorschlag zu verstehen. Sie können und sollen an das jeweilige Projekt angepasst werden.

Beispiel Winterfest: Unser Projektteam hat bereits in der Phase der Beauftragung, nachdem es die grundsätzliche Genehmigung für das Projekt hatte, das Logo und den Projektnamen „Winter-Break-Party" entwickelt. Die weiteren Marketingaktivitäten hat es aufgrund der Umweltanalyse geplant und im Projektstrukturplan sowie im Balkenplan als konkrete Maßnahmen vorgesehen. Im konkreten Fall erstellt es ein Informationsblatt für Eltern, Schülerinnen/Schüler, Klassenlehrerinnen/-lehrer, Schulgemeinschaftsausschuss (SGA) und Direktorin.

Weiters gestaltet und versendet das Team VIP-Einladungen für die Winter-Break-Party. Während das Projekt durchgeführt wird, dienen Projektstatusberichte der gegenseitigen Information. Nach der Party wollen die Teammitglieder einen Beitrag für den Jahresbericht, eine Presseaussendung, einen Beitrag für die Website, den Social-Media-Auftritt sowie Schautafeln für die Schule gestalten. Außerdem sind die Ergebnisse des Projekts in der Projektdokumentation bzw. der Projektarbeit ersichtlich und werden im Rahmen einer großen Abschlusspräsentation einer geladenen und hoffentlich interessierten Öffentlichkeit vorgestellt.

Ü 6.1 Projektmarketing planen
Erstellt einen Plan für das Projektmarketing für euer Projekt.

ZUSATZINHALT
Die Vorlage für den Projektmarketingplan findest du im E-Book.

2 Projektmarketing durchführen

Der Projekterfolg hängt von der Unterstützung der Stakeholder ab. Projektmarketing hilft, die Stakeholder positiv für das Projekt einzunehmen.

Projektmarketing soll schon zu Beginn des Projekts einsetzen. Möglichst viele sollen vom Projekt erfahren und für die Idee begeistert werden. Ein gut überlegter, motivierender Projektname und ein passendes Logo bilden die erste Marketingaktion.

Projektmarketing darf aber nicht nur zu Beginn des Projekts erfolgen, sondern muss während der gesamten Arbeit am Projekt betrieben werden. Das gesamte Projektteam ist dafür zuständig und verantwortlich.

Daneben ist zu beachten, dass Marketing auch innerhalb des Projektteams betrieben werden muss, um die Motivation der Projektteammitglieder hoch zu halten. Marketing muss also sowohl nach außen als auch nach innen erfolgen.

Beispiel Winterfest: Das Projektteam trifft sich zu einem Workshop, um den Projektmarketingplan zu verfeinern und die geplanten Instrumente vorab zu gestalten, um sie dann zeitnah einsetzen zu können.

Ü 6.2 Projektmarketing durchführen
Gestaltet die Marketinginstrumente für euer Projekt und führt die Maßnahmen wie geplant durch.

Können

K 6.1 Präsentation
Erstellt in der Gruppe eine Präsentation, in der die wesentlichen Inhalte dieses Kapitels übersichtlich grafisch zusammengefasst werden. Bezieht dazu auch die Inhalte zum Thema Marketing aus BW mit ein.

WEITERE AUFGABEN ZU DIESEM KAPITEL IM E-BOOK.

ZUSATZINHALT
Im E-Book findest du einen Multiple-Choice-Test, der sich an den Zertifizierungsanforderungen orientiert, sowie Aufgaben mit automatischer Kontrolle.

AUFGABEN
K 6.2 – K 6.3

Kompetenzcheck

KOMPETENZEN KAPITEL 6	KANN ICH	LEHRSTOFF	WENN ICH NOCH ÜBEN MUSS ...
Ich kann das Projektmarketing planen.		Lerneinheit 1	Ü 6.1
Ich kann Instrumente für das Projektmarketing gestalten.		Lerneinheit 2	Ü 6.2
Ich kann die geplanten Projektmarketingaktivitäten durchführen.		Lerneinheit 2	Ü 6.2

Karin Kuchler, Daniela Javorics, Dominik Sinnreich, Odin Kröger

Maturavorbereitung
Vorwissenschaftliche Arbeit/Diplomarbeit

AHS/BHS

Effiziente Vorbereitung führt zum Erfolg.

- Kompakte Informationen
- Schritt-für-Schritt-Anleitungen
- Beispieltexte
- Checklisten
- Tipps und Tricks
- Troubleshooting

Maturavorbereitung
Vorwissenschaftliche Arbeit/Diplomarbeit
Auflage 2013, 118 Seiten
20,5 × 29 cm, 4-färbig, € 17,80
ISBN 978-3-7068-4361-4

7

Projektchancen und -krisen bewältigen

Worum geht's in diesem Kapitel?

Projektkrisen sind extreme Projektsituationen, die eine massive Abweichung des Projektablaufs vom Plan bewirken und existenzgefährdend für das Projekt und vielleicht sogar für die Stammorganisation sein können. Im Gegensatz dazu können sich in einem Projekt neue Chancen ergeben. Auch sie beeinflussen den Projektablauf oft massiv.

AUFGABE

Chancen und Krisen

- Sucht euch eine beliebige Organisation aus und recherchiert, mit welchen Krisen bzw. Chancen diese in den letzten Jahren konfrontiert war.
- Stellt eure Erkenntnisse plakativ mit einem beliebigen Präsentationsmittel dar.

In diesem Kapitel lernst du:

- ■ wie du Projektchancen und -krisen erkennst und analysierst
- ■ wie du Maßnahmen ableitest und kommunizierst
- ■ wie du einen Projekteskalations- antrag erstellst

Projektchancen und -krisen bewältigen

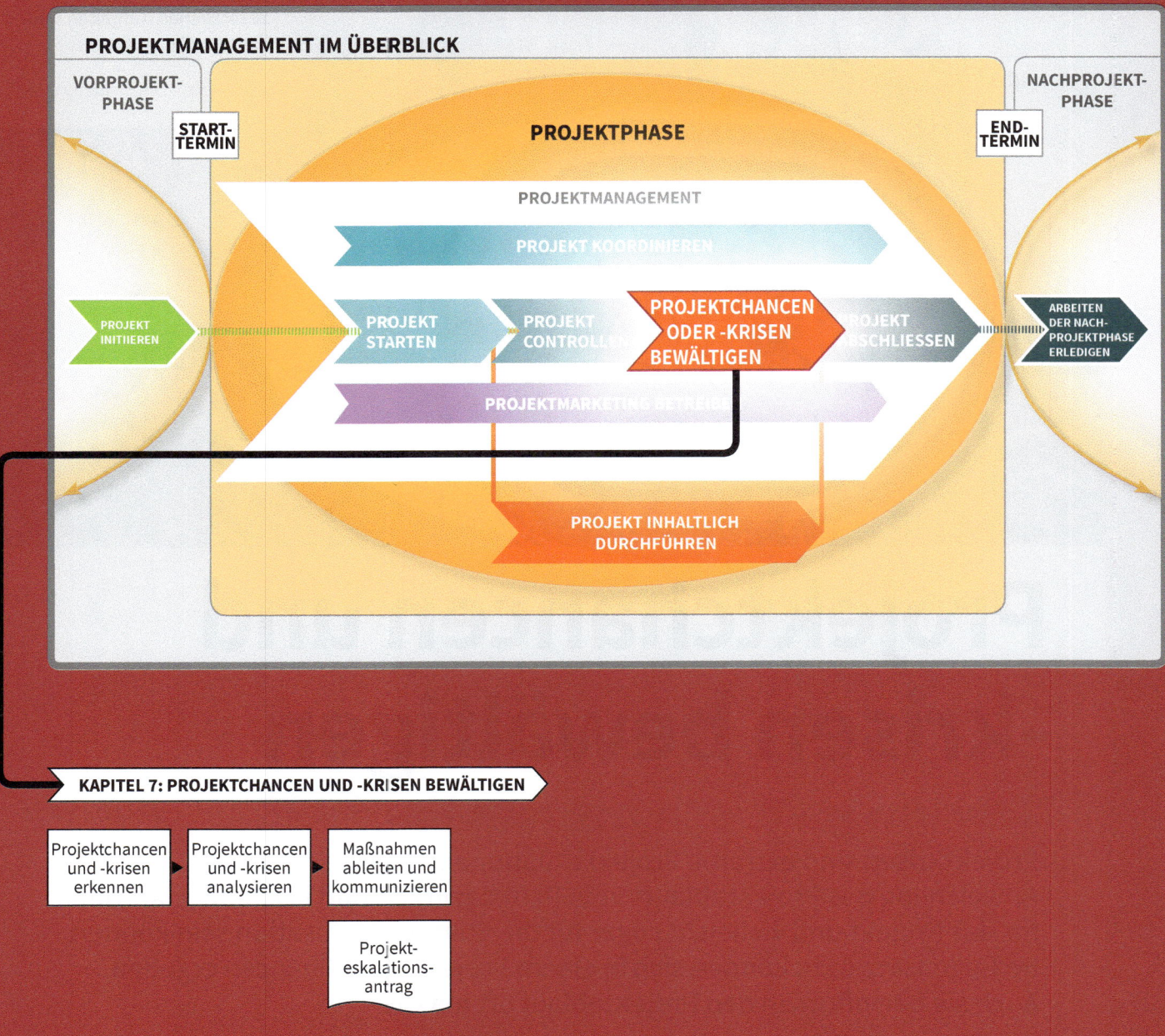

PROJEKTMANAGEMENT IM ÜBERBLICK

VORPROJEKT-PHASE

START-TERMIN

PROJEKTPHASE

NACHPROJEKT-PHASE

END-TERMIN

PROJEKTMANAGEMENT

PROJEKT KOORDINIEREN

PROJEKT INITIIEREN

PROJEKT STARTEN

PROJEKT CONTROLLEN

PROJEKTCHANCEN ODER -KRISEN BEWÄLTIGEN

PROJEKT ABSCHLIESSEN

ARBEITEN DER NACH-PROJEKTPHASE ERLEDIGEN

PROJEKTMARKETING BETREIBEN

PROJEKT INHALTLICH DURCHFÜHREN

KAPITEL 7: PROJEKTCHANCEN UND -KRISEN BEWÄLTIGEN

Projektchancen und -krisen erkennen	Projektchancen und -krisen analysieren	Maßnahmen ableiten und kommunizieren

Projekt-eskalations-antrag

In der Grafik siehst du die Schritte, die für die Bewältigung einer Krise bzw. beim Nutzen einer Chance im Projekt nötig sind.

1 Projektchancen und -krisen erkennen

Unerwartete Abweichungen von Projektzielen können sich positiv auf ein Projekt auswirken, aber auch zu Projektkrisen führen. Chancen und Risiken müssen frühzeitig erkannt werden, damit sie produktiv genutzt bzw. Projektkrisen abgewendet oder gemildert werden können.

Ⓜ LERNKARTE

Chancen und Krisen: Es kann im Projekt passieren, dass unerwartet und ungeplant starke Abweichungen vom Ziel entstehen (Diskontinuitäten).

Diskontinuitäten können sowohl eine positive **(Chance)** als auch eine negative **(Risiko)** Abweichung bedeuten und mittels Frühwarnsystem samt Indikatoren und Szenario-Technik **erkannt** werden.

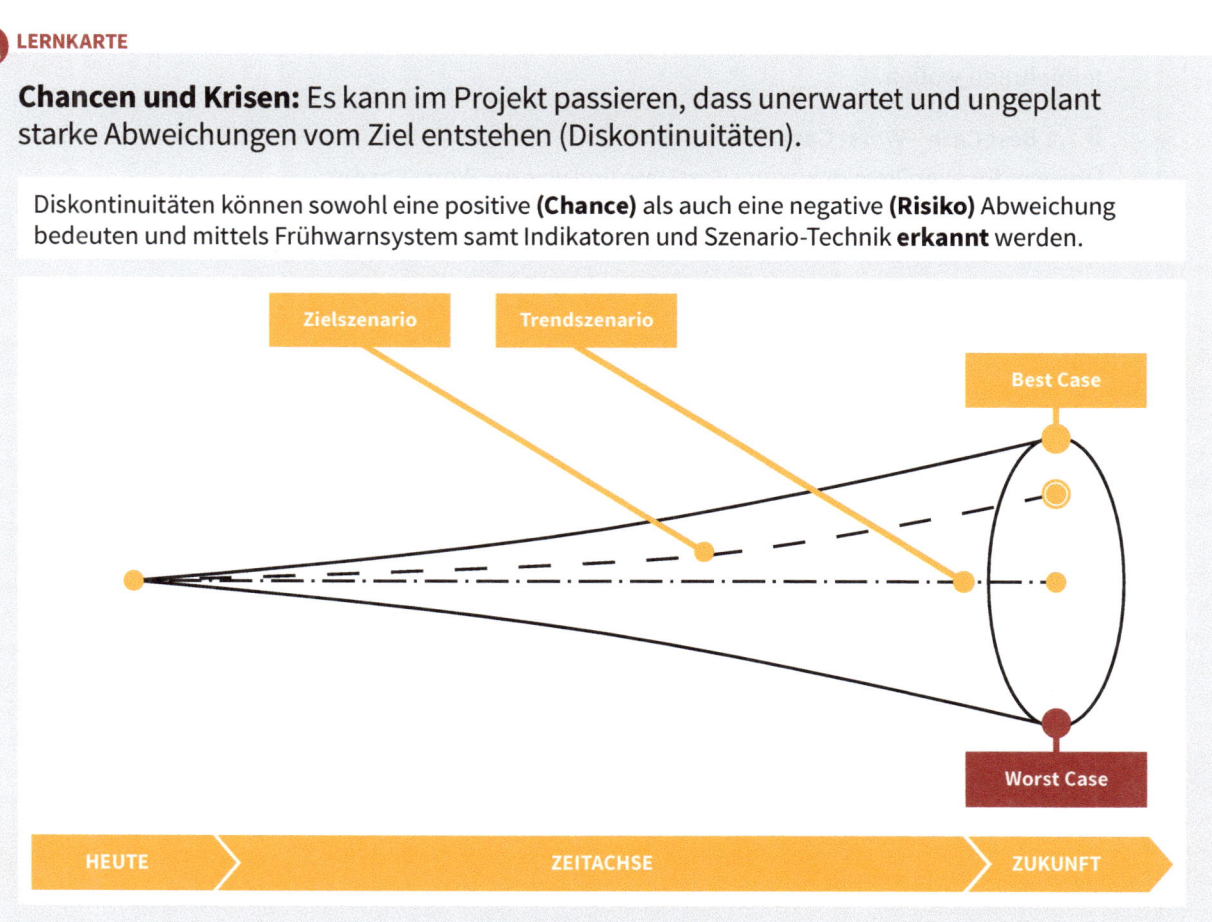

Von einer Projektkrise spricht man, wenn extreme Projektsituationen auftreten, die eine gravierende Abweichung vom Plan hervorrufen und als existenzbedrohend nicht nur für das Projekt, sondern für die gesamte Organisation angesehen werden können. Sie entstehen aus einem zunehmend größer werdenden Unterschied zwischen Projektkontext und Projektgeschehen.

Krisen können durch folgende Aktivitäten erkannt, aber vor allem auch vermieden bzw. vermindert werden:

- Es ist wichtig, die Umwelt systematisch zu beobachten, ein **Frühwarnsystem** zu entwickeln und zu nutzen. Anzeichen für eine Krise können Gerüchte, Gleichgültigkeit, abnehmende Termineinhaltung, massive Mitarbeiterwechsel etc. sein.
- Im Rahmen der Krisenvorsorge ist es günstig, Pläne für diesen Anlass zumindest in den Grundlagen zu durchdenken und anzulegen. Hilfreich sind organisatorische Regelungen, Training der Betroffenen, Überprüfung und Wartung des Informationssystems.
- Zur Früherkennung einer Projektkrise kann die **Szenariotechnik** eingesetzt werden. Dabei werden im Vorhinein mehrere Szenarien erarbeitet (Best Case, Worst Case, Zielszenario), die helfen, Krisen schnell erkennen zu können und im gegebenen Fall schnell Gegenmaßnahmen zu finden.

Beispiel Winterfest: Ein Best-Case-Szenario für die Winter-Break-Party wäre die Teilnahme aller Schülerinnen und Schüler am Event, beim entsprechenden Worst-Case-Szenario käme niemand. Das Team könnte die sich anbahnende Krise durch die Entwicklung des Kartenverkaufs erkennen. Chancen könnten sich dadurch ergeben, dass auch andere Schulen an dem Projekt interessiert sind und deren Schülerinnen und Schüler daran teilnehmen wollen.

Ü 7.1 Best Case – Worst Case
Überlegt für euer Projekt, was der Best Case und was der Worst Case ist. Beschreibt auch mögliche Frühindikatoren zur Erkennung einer Projektkrise oder -chance.

2 Projektchancen und -krisen analysieren

Maßnahmen zur Nutzung von Projektchancen bzw. zur Bewältigung von Projektkrisen können nur dann sinnvoll ergriffen werden, wenn vorher die Ursachen analysiert werden.

 **LERNKARTE**

Analyse: Der erste Schritt zur Bewältigung einer Diskontinuität ist deren Analyse.

Bevor Maßnahmen zur Bewältigung von Projektkrisen und -chancen ergriffen werden, müssen die **Ursachen einer Analyse** unterzogen werden. Dazu eignet sich das Ishikawa-Diagramm hervorragend. Tritt eine Krise auf, muss diese bewältigt werden. Dabei sollte folgende **Prioritätenliste** beachtet werden:
- Verhinderung von Schäden an Leib und Leben von Personen steht an erster Stelle,
- dann kann aufkommende Panik bekämpft und die Lage stabilisiert,
- weitere Schäden verhindert und
- schließlich der Normalzustand wiederhergestellt werden.

Ursachen können in unklaren Projektaufträgen, einer nicht adäquaten Projektplanung, einer ineffizienten Projektorganisation, fehlendem Berichtswesen, Personalwechsel, Insolvenzen von Kunden oder Lieferanten, gesetzlichen Änderungen oder schädlichen Medieninteressen etc. liegen.

Das Ursache-Wirkungs- oder Ishikawa-Diagramm hilft bei der Analyse, indem im Fischkopf die Wirkung dargestellt und systematisch nach Ursachen in Hauptkategorien gesucht wird.

Beispiel Winterfest: Sollte wirklich das Worst-Case-Szenario eintreten, dass viel zu wenige Schülerinnen/Schüler teilnehmen wollen, muss das Team die Ursachen schnell analysieren und reagieren – vielleicht lag es nur am mangelnden Marketing oder der Termin ist wegen Prüfungen und Schularbeiten oder anderen Festen ungünstig.

Ü 7.2 Ursachen für Chancen und Krisen

Erkundigt euch, ob es an der Schule bereits ein ähnliches Projekt wie eures gegeben hat. Fragt nach, ob Chancen oder Krisen aufgetreten sind und was die Ursachen dafür waren. Analysiert die Information(en). So könnt ihr euch inhaltlich auf diese Situationen vorbereiten.

3 Maßnahmen ableiten und kommunizieren

Liegt eine Projektchance oder -krise vor, wird die Projektauftraggeberin/der Projektauftraggeber verständigt und es werden gemeinsam entsprechende Maßnahmen vereinbart.

 **LERNKARTE**

Maßnahmen bei Projektkrisen: Wenn eine Diskontinuität erkannt wurde, können verschiedene Maßnahmen getroffen werden.

Prinzipielle **Maßnahmen** können der Projektabbruch, der Projektstopp und -neustart sowie Steuerungsmaßnahmen außerhalb des Projekts sein. Die Maßnahmen werden mit dem **Projekteskalationsantrag** mit den Bestandteilen Eskalationsanlass, Eskalationsursachen, vorgeschlagene Maßnahmen, Folgen der Maßnahmen, Randbedingungen sowie festgelegte Maßnahmen nach der Sitzung dokumentiert und kommuniziert.

Damit es gar nicht zu einer Projektkrise kommt, sollte vorab Folgendes beachtet werden:

- Die Projektstartphase ist sehr wichtig und sollte viel Aufmerksamkeit erhalten, da ein schlechter Start kaum mehr aufgeholt werden kann.
- Auch schlechte Nachrichten müssen offen kommuniziert werden dürfen, da zu wenig oder zu späte Kommunikation die Handlungsmöglichkeiten einschränkt und dazu führt, dass aus relativ überschaubaren Problemen massive Konflikte oder Krisen werden.
- Der Krise ins Auge schauen und sensibel, frühzeitig und aktiv reagieren ist unabdingbar.
- Wenn gar nichts mehr geht, ist eine Projektmediation, die moderierte Konfliktvermittlung zwischen freiwillig am Mediationsprozess teilnehmenden Parteien, eine wirksame Streitbeilegungsmethode.
- Controlling und aktive Steuerung helfen, Chancen und Risiken rasch zu erkennen und dementsprechend zu agieren.

Beispiel Winterfest: Sollte wirklich das Worst-Case-Szenario eintreten, dass viel zu wenige Schülerinnen und Schüler an der Winter-Break-Party teilnehmen wollen, könnte der Projekteskalationsantrag folgendermaßen aussehen:

122

PM+

PROJEKTNAME: WINTER-BREAK-PARTY 20..	PROJEKTESKALATIONSANTRAG 15.12.20..	
PROJEKTNUMMER: 7		
Projektauftraggeberin: Dir. Dr. Leiter	Projektleiterin: Anna Schuster	Controller: Lukas Hofer
Eskalationsanlass:	Projektzielgefährdung generell: sehr geringer Kartenverkauf	
Eskalationsursachen:	Terminüberschneidung mit Schulveranstaltungen (Schikurse)	
Vorgeschlagene Maßnahmen:	Termin für den Event verschieben	
Folgen der Maßnahmen:	komplette Änderung der Planung	
Randbedingungen:	Verfügbarkeit von Räumen, persönliche Termineinschränkungen	
Festgelegte Maßnahmen nach Sitzung (bis 20.12.): • Termin mit PAG festlegen: Anna • umfassende Informationen hinsichtlich Machbarkeit des neuen Termins einholen: Lukas • Projektplanung überarbeiten: Anna		
Sprecher des Projektbereichs: Alexander Dzelic		Datum: 15.12.20..
Version: 1.0	Datum: 15.12.20..	Erstellerin: Anna	Seite 1 von 1

Ü 7.3 Projekteskalationsantrag

Bereitet für euer Projekt das Formular Projekteskalationsantrag vor.

 ZUSATZINHALT
Die Vorlage für das Formular Projekt-eskalationsantrag findest du im E-Book.

Können

K 7.1 Mindmap

Erstellt in der Gruppe eine Mindmap, in der die wesentlichen Inhalte dieses Kapitels übersichtlich und grafisch pointiert zusammengefasst werden.

ZUSATZINHALT
Im E-Book findest du einen Multiple-Choice-Test, der sich an den Zertifizierungs-anforderungen orientiert, sowie Aufgaben mit automatischer Kontrolle.

WEITERE AUFGABEN ZU DIESEM KAPITEL IM E-BOOK.

AUFGABEN
K 7.2 – K 7.3

Kompetenzcheck

KOMPETENZEN KAPITEL 7	KANN ICH	LEHRSTOFF	WENN ICH NOCH ÜBEN MUSS ...
Ich kann Projektchancen und -krisen erkennen.		Lerneinheit 1	Ü 7.1
Ich kann Projektchancen und -krisen analysieren.		Lerneinheit 2	Ü 7.2
Ich kann Maßnahmen hinsichtlich Projektchancen und -krisen ableiten und kommunizieren.		Lerneinheit 3	Ü 7.3
Ich kann einen Projekteskalationsantrag erstellen.		**PM+** Lerneinheit 3	Ü 7.3

8

Projekt abschließen

Worum geht's in diesem Kapitel?

Jedes Projekt ist zeitlich begrenzt. Natürlich ist auch hier alles zu planen und zu steuern. Die Projektleitung hat in dieser Phase das letzte Mal die Chance, aktiv auf das Projekt Einfluss zu nehmen und dafür zu sorgen, dass die Projektauftraggeberin/der Projektauftraggeber sowie das Team zufrieden sind und das Projekt in positiver Erinnerung behalten.

AUFGABE

Erfahrungen

Befragt Schülerinnen und Schüler aus höheren Klassen eurer Schule, was ihre besten Erinnerungen an Projekte sind, und fertigt daraus eine Tippliste für euer Projekt an.

In diesem Kapitel lernst du:

- wie du den Projektabschluss organisierst
- das Projekthandbuch abschließt bzw. die Endfassung erstellst
- das Projekt evaluierst
- den Projektabschlussbericht erstellst
- das Know-how aus dem Projekt transferierst
- die Projektorganisation auflöst

Projekt abschließen

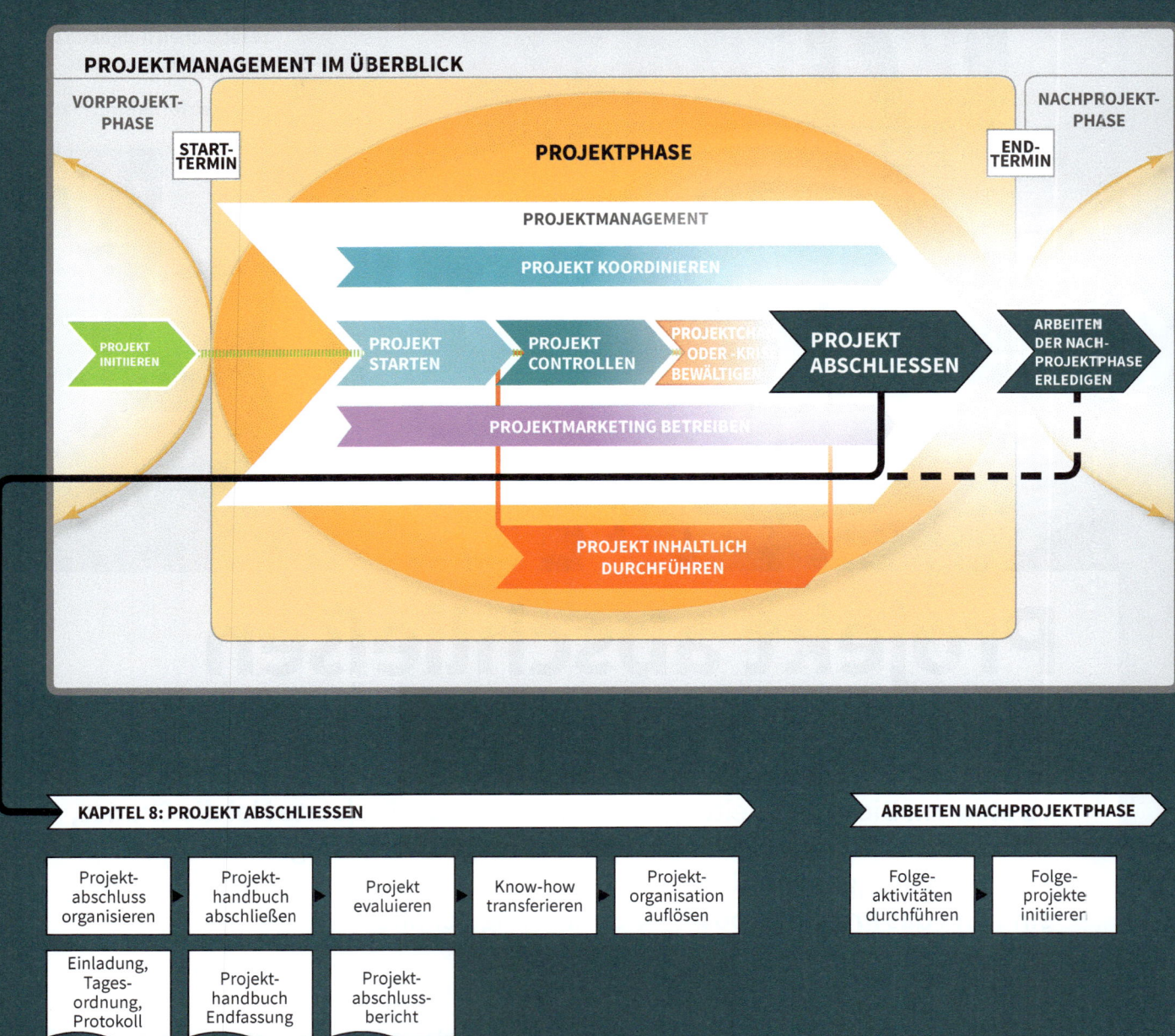

PROJEKTMANAGEMENT IM ÜBERBLICK

VORPROJEKT-PHASE

NACHPROJEKT-PHASE

START-TERMIN

END-TERMIN

PROJEKTPHASE

PROJEKTMANAGEMENT

PROJEKT KOORDINIEREN

PROJEKT INITIIEREN

PROJEKT STARTEN

PROJEKT CONTROLLEN

PROJEKTCHANCEN ODER -KRISEN BEWÄLTIGEN

PROJEKT ABSCHLIESSEN

ARBEITEN DER NACH-PROJEKTPHASE ERLEDIGEN

PROJEKTMARKETING BETREIBEN

PROJEKT INHALTLICH DURCHFÜHREN

KAPITEL 8: PROJEKT ABSCHLIESSEN

Projekt-abschluss organisieren	Projekt-handbuch abschließen	Projekt evaluieren	Know-how transferieren	Projekt-organisation auflösen
Einladung, Tages-ordnung, Protokoll	Projekt-handbuch Endfassung	Projekt-abschluss-bericht		

ARBEITEN NACHPROJEKTPHASE

Folge-aktivitäten durchführen	Folge-projekte initiieren

Der Projektabschluss umfasst die hervorgehobenen Phasen.

1 Projektabschluss organisieren

Ein Projekt ist noch nicht beendet, wenn es inhaltlich abgeschlossen ist. Bis zur Auflösung der Projektorganisation ist noch einiges zu tun.

 **LERNKARTE**

Projektabschluss: In der Phase „Projektabschluss" wird das Projekt von der Projektauftraggeberin bzw. vom Projektauftraggeber abgenommen.

Projektergebnis und Projektablauf werden evaluiert und reflektiert, die Abschlussarbeiten der Nachprojektphase geplant, die Dokumentation (das Projekthandbuch) fertiggestellt, das Know-how transferiert und ein letztes Mal Projektmarketing betrieben. Danach wird die Projektorganisation aufgelöst. Das alles ist zu **organisieren.**

Selbstverständlich wird auch das abschließende Meeting mit **Einladung, Tagesordnung und Protokoll** organisatorisch und kommunikativ unterstützt.

Tipps:

■ Die Hauptarbeit im Projekt ist erledigt. Damit nun nicht die restlichen Aufgaben an der Projektleiterin bzw. am Projektleiter hängen bleiben, müssen diese Tätigkeiten bereits in der Projektplanung berücksichtigt werden.

■ Setzt den genauen Termin für den Abschlussworkshop bereits in der Projektplanung im Tool Kommunikationsstruktur fest.

■ Viele der erforderlichen Abschlusstätigkeiten können und sollen im Rahmen eines Abschluss-Workshops durchgeführt werden (z. B. Evaluierung, Fertigstellung, Dokumentation).

Im Rahmen der Projektabnahme wird das Ergebnis der Projektauftraggeberin bzw. dem Projektauftraggeber formell übergeben. Sie bzw. er erhält damit das vereinbarte Produkt oder konsumiert die festgelegte Dienstleistung. Der Vertrag ist damit erfüllt und das Team entlastet.

Beispiel Winterfest: Die Winter-Break-Party war ein voller Erfolg. Bis auf ein paar kleine Pannen (einmal wurde ein Mistkübel umgestoßen und der Raum musste neu gereinigt werden, ein anderes Mal hat jemand Cola auf einem fertig dekorierten Tisch ausgeschüttet) ist alles gut gegangen. Aber das bedeutet nicht, dass das Projektteam schon fertig ist – es ist noch einiges zu tun! Deswegen lädt Anna zu einem Meeting am 15. 01. 20.. ein. Die Projektauftraggeberin, Frau Dir. Leiter, hat selbst an der Party teilgenommen und war sehr zufrieden. Formell ist das Projekt aber erst dann abgeschlossen, wenn auch der Endbericht und die Endabrechnung vorliegen.

Ü 8.1 Projektabschluss

Erstellt für euer Projekt die Einladung, Tagesordnung und Protokollvorlage für den Projektabschluss-Workshop.

Ein Projekt erfolgreich zu Ende zu bringen, kann schwierig sein. Das sogenannte 90-%-Syndrom führt dazu, dass man bereits in einer relativ frühen Phase des Projekts glaubt (typischerweise zwischen 30 % und 70 % der Projektlaufzeit), bereits 90 % des Projektergebnisses zu haben. Auch ständige Änderungen im Projekt oder unvorhergesehene Schwierigkeiten können aus einem Projekt schnell eine scheinbar nicht enden wollende Geschichte werden lassen. Daher ist realistisches Projektcontrolling und effiziente Projektkoordination unabdingbar.

 **ZUSATZINHALT**
Vorlagen für Einladungen, Tagesordnungen und Protokolle findest du im E-Book.

2 Projektabschluss und Nachprojektphase

Zum Projektabschluss sind noch einige Arbeiten zu erledigen. In der Nachprojektphase werden die Ergebnisse des eigenen Projekts für Folgeprojekte fruchtbar gemacht und die Projektorganisation aufgelöst.

1 Projekthandbuch abschließen

Die **Endfassung des Projekthandbuchs** ist zu erstellen, die nun ausgefüllt alle – mit den Ist-Daten aktualisierten – Projektmethoden enthält. Hilfreich ist es, schon in der Phase der Planung zu regeln, was in welcher Tiefe dokumentiert werden muss. Damit werden die Unterlagen und Daten laufend gesammelt und müssen nicht erst am Schluss mühevoll zusammengesucht werden.

Ü 8.2 Projekthandbuch – Endfassung

Erstellt für euer Projekt die Endfassung des Projekthandbuchs.

2 Projekt evaluieren

 **LERNKARTE**

Evaluierung: Die Projektreflexion bzw. Projektevaluierung dient der Sicherung von Erfahrungen.

Dabei soll aus Fehlern gelernt und sollen Schlussfolgerungen für die Zukunft gezogen werden. Es werden die Teamleistungen, das Projektmanagement selbst sowie die Ergebnisse des Projekts analysiert und Lernchancen gekennzeichnet.

Die Ergebnisse der Evaluation werden im **Projektabschlussbericht** mit den Bestandteilen

- Gesamteindruck,
- Reflexion: Leistungen/Termine,
- Reflexion: Zielerreichung,
- Reflexion: Ressourcen/Kosten,
- Reflexion: Interne Organisation/Umweltbeziehungen,
- Leistungsbeurteilung (Projektauftraggeber/in, Projektleiter/in, Projektmitarbeiter/innen),
- Lessons learned (zusammenfassende Erfahrungen und Verbesserungsvorschläge),
- Planung Nachprojektphase, Restaufgaben und
- Projektabnahme

dokumentiert.

Das Projekt soll im Abschlussprozess auch einer Beurteilung unterzogen werden. Dabei können inhaltliche Kriterien (Zielerreichung, Kosten- und Termineinhaltung) und prozessbezogene Kriterien (Qualität der Teamarbeit, Beziehungen zu den relevanten Umwelten) angewandt werden.

Die Leistung des Projektteams kann während eines Einzelgesprächs, Gruppengesprächs, in einer Sitzung oder in einem Workshop beurteilt werden. Ziel ist es, die Leistung der einzelnen Teammitglieder zu würdigen und Feedback zu geben. Dazu können z. B. folgende Methoden angewandt werden: persönliches Feedback, Fragebogen, 360°-Feedback an die Projektleiterin bzw. den Projektleiter.

Tipps zur Projektreflexion bzw. -evaluierung:

- Halte auch negative Erfahrungen fest. Fehler sind für dich selbst und das Team Lernchancen.
- Diskutiert im Team, welche Fehler an die Öffentlichkeit gelangen sollen und welche nicht.
- Verwendet Visualisierungstechniken, z. B. die Kärtchenabfrage.
- Löst Konflikte und bohrt nicht in offenen Wunden.
- Erkundigt euch bereits vor Beginn des Projekts nach eventuellen Beurteilungskriterien.

Zur Evaluierung des Projekts kann folgende **Frageliste** verwendet werden:

- Wie war der Gesamteindruck vom Projekt?
- Wie sieht es mit der Zufriedenheit bezüglich Übernahme der vereinbarten Arbeiten aus?
- Wurden die Leistungen in der gewünschten Qualität erbracht?
- Wurden die Termine eingehalten?
- Wurden die Plankosten eingehalten?
- Wurden nicht mehr als die geplanten sachlichen Ressourcen verwendet?
- Haben die Teammitglieder mehr oder weniger als geplant gearbeitet?
- Hat die Projektleiterin bzw. der Projektleiter das Team gut geführt?
- Wurden die Spielregeln von allen eingehalten?

- Gab es Konflikte im Team oder bezüglich des Umfelds?
- Wenn ja, wurden diese zufriedenstellend gelöst?
- Was hat das Team bzw. jede/r Einzelne aus dem Projekt gelernt?

Die Ergebnisse werden im Projektabschlussbericht festgehalten. Dieser enthält den Gesamteindruck, die Reflexion über die Realisierung der Projektziele, die Reflexion über die Umweltbeziehungen, die Zusammenfassung der Erfahrungen zur Weitergabe an andere Projektteams und als Anhang die Projektdokumentation mit dem Endstand.

Beispiel Winterfest: Das Projektteam setzt sich am 15.01.20.. noch einmal zusammen. Hier wird ein letztes Mal verglichen, ob die Termine gehalten haben, die Leistungen wie vereinbart erbracht und die Kosten eingehalten wurden. Das Team hat alle gesetzten Ziele erreicht. Zum Schluss wird noch die gemeinsame Projektabrechnung gemacht. Es werden die Ist-Kosten ausgerechnet und mit den Belegen verglichen. Auch das finale soziale Controlling ist ein wichtiges Thema. Es werden die Beziehungen zu den Stakeholdern und innerhalb des Projektteams einer Evaluation unterworfen. Nach Kontrollrechnungen stellt die Gruppe zufrieden fest, dass alles passt und keine Abweichungen zu finden sind. Die Ergebnisse werden im Projektabschlussbericht festgehalten:

PROJEKTNAME: WINTER-BREAK-PARTY 20.. PROJEKTNUMMER: 7		PROJEKTABSCHLUSSBERICHT	
Gesamteindruck: sehr gut			
Reflexion: Leistungen/Termine: zu 90 % eingehalten			
Reflexion: Zielerreichung: übererfüllt			
Reflexion: Ressourcen/Kosten: aufgrund des neuen Mietvertrags für die Musikanlage überschritten, aber durch Zusatzsponsoring finanziert			
Reflexion: Interne Organisation/Umweltbeziehungen: bis auf einen Streit und kleinere Unstimmigkeiten, die sofort angesprochen und bearbeitet wurden, sehr gut			
Leistungsbeurteilung (Projektauftraggeber/in, Projektleiter/in, Projektmitarbeiter/innen)		Lessons learned: Termine mit Pufferzeiten planen	
Planung Nachprojektphase. Restaufgaben			
To-do	Zuständigkeit		Termin
Bericht Schul-Website	Anna		20.1.20..
Bericht Schülerzeitung	Lukas		20.1.20..
Bericht Jahresbericht	Ayse		20.1.20..
Projektabnahme:	Dir. Dr. Leiter (Projektauftraggeberin)		Anna Schuster (Projektleiterin)
Version: 1.03	Datum: 15.01.20..	Erstellerin: Anna	Seite 1 von 1

Ü 8.3 Projektabschlussbericht

Erstellt den Projektabschlussbericht für euer Projekt.

 ZUSATZINHALT
Die Vorlage für den Projektabschluss-bericht findest du im Standard-Projekthandbuch sowie im E-Book.

Know-how transferieren

Fehler passieren immer. Um aber nicht in jedem Projekt die gleichen Fehler zu wiederholen, muss dieses Wissen und jenes über die Erfolge im Projekt analysiert und z. B. in Form von Lessons-learned-Meetings weitergegeben werden.

Ⓜ LERNKARTE

Know-how weitergeben: Die Ergebnisse der Projektevaluation sollen für Folgeprojekte fruchtbar gemacht werden.

Im Rahmen des Projektabschlusses wird das Know-how auf die Mitglieder der Stammorganisation im Sinne eines Wissensmanagements transferiert.

Beispiel Winterfest:
Das Projektteam erstellt eine vertonte PowerPoint-Präsentation und stellt sie über YouTube interessierten Schülerinnen und Schülern der Schule zur Verfügung.

Ü 8.4 Erfahrungen weitergeben

Erstellt eine Projektpräsentation für Nachfolgeklassen und gebt darin vor allem auch eure Erfahrungen weiter.

 **ZUSATZINHALT**
Eine Präsentationsvorlage findest du im E-Book.

④ Projektorganisation auflösen

Zur Aufgabe der Projektleiterin bzw. des Projektleiters gehört es nicht nur, den Start eines Teamentwicklungsprozesses zu organisieren, sondern auch sein Ende. Dabei ist es wichtig, dass sich die Teammitglieder emotional vom Team und ihren Aufgaben lösen können, damit sie sich später leichter in andere Projekte oder die Stammorganisation integrieren.

Beispiel Winterfest: Das Projektteam feiert die Projektauflösung. Voneinander Abschied nehmen sie nicht, da sie ja in der gleichen Klasse sitzen.

Ü 8.5 Projektorganisation auflösen

Plant die Auflösung der Projektorganisation für euer Projekt.

Können

K 8.1 Mindmap

Erstellt in der Gruppe eine Mindmap, in der die wesentlichen Inhalte dieses Kapitels übersichtlich grafisch zusammengefasst werden.

WEITERE AUFGABEN ZU DIESEM KAPITEL IM E-BOOK.

ZUSATZINHALT
Im E-Book findest du einen Multiple-Choice-Test, der sich an den Zertifizierungsanforderungen orientiert, sowie Aufgaben mit automatischer Kontrolle.

 **AUFGABEN**
K 8.2 – K 8.3

Kompetenzcheck

KOMPETENZEN KAPITEL 8	KANN ICH	LEHRSTOFF	WENN ICH NOCH ÜBEN MUSS ...
Ich kann den Projektabschluss organisieren.		Lerneinheit 1	Ü 8.1
Ich kann das Projekthandbuch abschließen bzw. die Endfassung erstellen.		Lerneinheit 2, Lernschritt 1	Ü 8.2
Ich kann den Projektabschlussbericht erstellen.		Lerneinheit 2, Lernschritt 2	Ü 8.3
Ich kann Know-how aus dem Projekt transferieren.		Lerneinheit 2, Lernschritt 3	Ü 8.4
Ich kann die Projektorganisation auflösen.		Lerneinheit 2, Lernschritt 4	Ü 8.5

9

Die Diplomarbeit als Projekt

Worum geht's in diesem Kapitel?

In der letzten Schulstufe musst du als Teil der Reife- und Diplomprüfung (RDP) im Team eine Diplomarbeit schreiben. Ihr werdet bei eurer Arbeit von einem Betreuer/einer Betreuerin begleitet, müsst aber eure Aufgabe selbständig unter Anwendung eurer PM-Kenntnisse erledigen. Die Ergebnisse werden von eurer Betreuerin/eurem Betreuer beurteilt und scheinen auf dem Maturazeugnis auf.

AUFGABE

Diplomarbeit

Hat jemand in eurem Freundes- oder Bekanntenkreis schon eine Diplomarbeit geschrieben? Wenn ja, fragt die betreffenden Personen, wie sie dabei vorgegangen sind, sammelt und vergleicht in der Klasse die Ergebnisse.

In diesem Kapitel lernst du:

- **wie du die Diplomarbeit als Projekt durchführst**
- **Ergebnisse nach den Regeln des wissenschaftlichen Arbeitens herbeiführst und darstellst**
- **die Diplomarbeit präsentierst und diskutierst**
- **den zeitlichen Ablauf für Erstellung, Präsentation und Diskussion der Diplomarbeit beschreibst**
- **welche Schritte und Überlegungen es bei der Nachbereitung der Diplomarbeit zu beachten gibt**

Die Diplomarbeit als Projekt

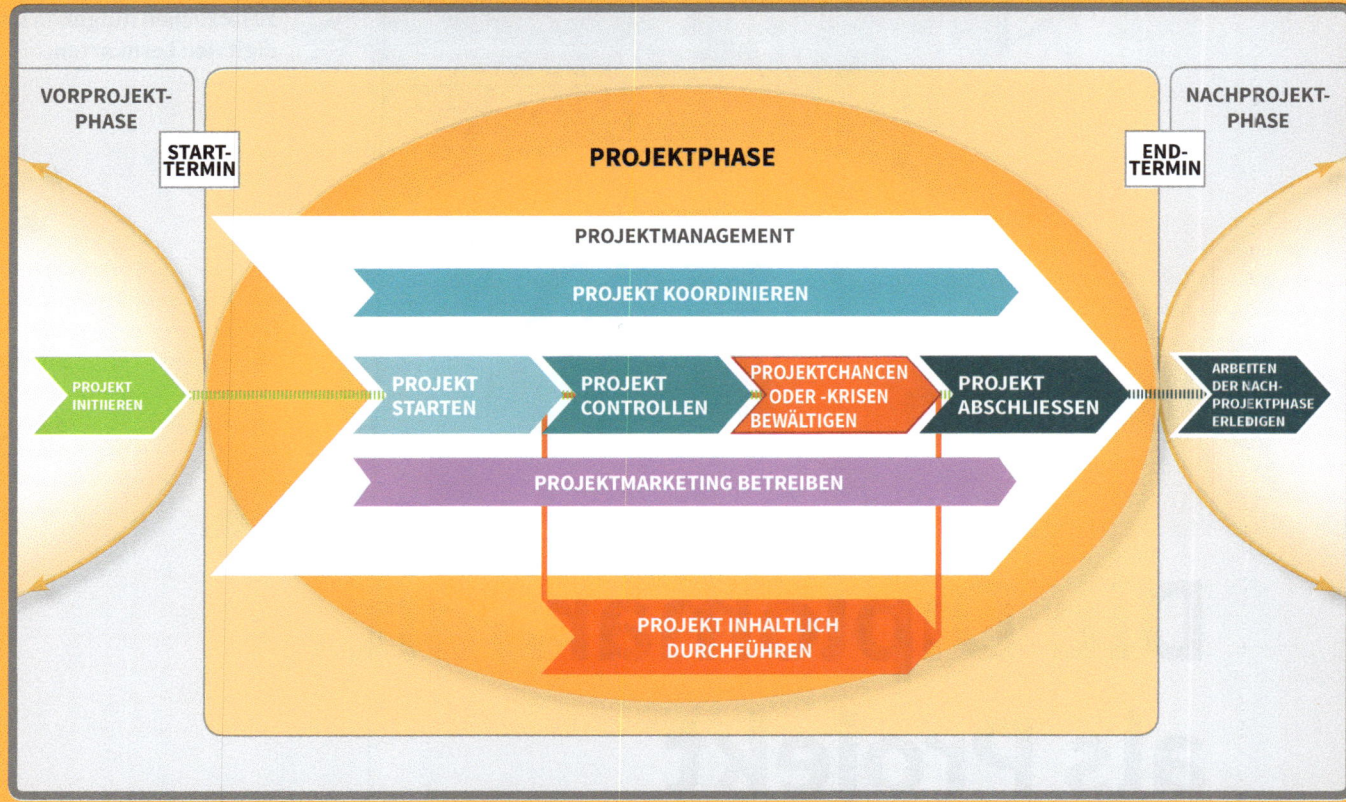

Die Diplomarbeit kannst du wie in der Grafik als Projekt durchführen und die einzelnen Phasen voneinander abgrenzen.

1 Diplomarbeit vorbereiten

Die Vorbereitung der Diplomarbeit umfasst neben der Auseinandersetzung mit den rechtlichen Rahmenbedingungen auch die Klärung der Projektwürdigkeit und die Projektinitiierung.

1 Kontext zur Diplomarbeit

Die Diplomarbeit ist eine der drei „Säulen" deiner Hauptprüfung im Rahmen der Reife- und Diplomprüfung (RDP). Sie ist somit Voraussetzung für eine positive Beurteilung.

Zusätzliche Informationen zur vorwissenschaftlichen Arbeit/Diplomarbeit findest du im MANZ-Buch „Maturavorbereitung vorwissenschaftliche Arbeit/Diplomarbeit". **www.wissenistmanz.at**

 **LERNKARTE**

Drei-Säulen-Modell der RDP: Die Diplomarbeit ist nur ein Teil deiner Hauptprüfung.

Die Hauptprüfung besteht aus
1. einer **abschließenden Arbeit** (einschließlich deren Präsentation und Diskussion),
2. einer **Klausurprüfung,** die schriftliche, grafische und/oder praktische Klausurarbeiten und allfällige mündliche Kompensationsprüfungen umfasst, und
3. einer **mündlichen Prüfung,** die mündliche Teilprüfungen umfasst.

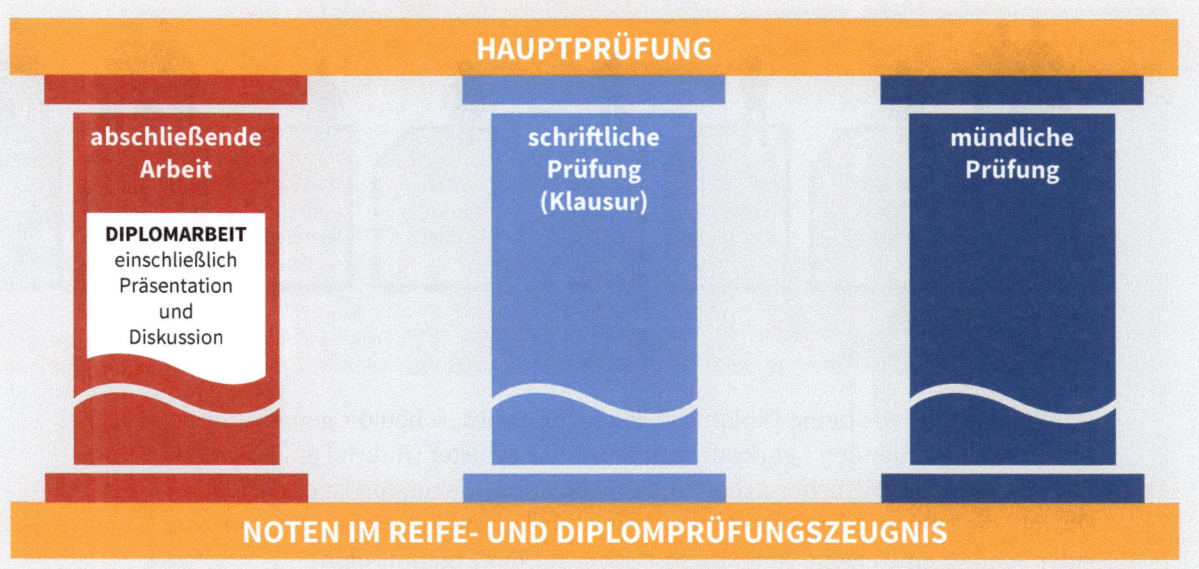

Alle Schülerinnen/Schüler eines V. Jahrgangs einer BHS müssen als Bestandteil der RDP eine Diplomarbeit im Team selbständig erstellen. Neben den Handreichungen und Leitfäden des Unterrichtsministeriums stehen dir und deinen betreuenden Lehrpersonen zur Unterstützung Informationen, erprobte Materialien, Beispiele und Tipps zur Diplomarbeit auf der Plattform **www.diplomarbeiten-bbs.at** zur Verfügung.

Die **Charakteristika einer Diplomarbeit** lassen sich wie folgt darstellen:

- schriftliche, in sich geschlossene, vorwissenschaftliche Diplomarbeit in deutscher Sprache oder in einer besuchten lebenden Fremdsprache inkl. Präsentation und Diskussion
- selbständige Erstellung (außerhalb der Unterrichtszeit) im Team von zwei bis fünf Schülerinnen und Schülern (Einzelarbeit nur in begründeten Ausnahmefällen, z. B. bei Ersatzthema, wenn der vorhergehende Versuch negativ war)
- gemeinsames Thema als übergeordneter, komplexer Aufgabenbereich, jedoch klare fachliche Schwerpunktsetzung pro Person (ca. 20–25 Seiten, ca. 4800–6000 Wörter, ohne Anhang)
- Zusammenarbeit mit einem externen Kooperationspartner wird begrüßt.
- kontinuierliche Betreuung während des letzten Jahrgangs durch eine Lehrkraft (außerhalb der Unterrichtszeit)
- Einzelbewertung der Arbeit: eigene Note im Reife- und Diplomprüfungszeugnis

Mit deiner Diplomarbeit sollst du zeigen, dass du das Wissen, das du in der Schule erworben hast, anwenden bzw. selbständig Wissen erzeugen kannst. Dabei wird nicht nur deine Arbeit selbst benotet, sondern auch, wie du diese präsentierst und auf Rückfragen zu deiner Arbeit und deinem Vorgehen antworten kannst. Du stellst mit deiner Arbeit deine Studierfähigkeit unter Beweis.

Die arbeitsteilige Kooperation ist ein zentrales Lernziel. Du schreibst einerseits Teile der Diplomarbeit zu einem übergeordneten Thema alleine, jedoch werden auch Teile wie Abstract (kurze Zusammenfassung in deutscher Sprache sowie in einer besuchten lebenden Fremdsprache), Inhaltsverzeichnis, Einleitung, evtl. Kapitelübergänge, Zusammenfassung (Resümee) und die **Projektdokumentation** gemeinsam im Team erstellt. Es ist das Ziel, einen „roten Faden" in der Arbeit sicherzustellen.

Projektdokumentation = im Kontext der Diplomarbeit ausgewählte Projektmanagementmethoden aus dem Projekthandbuch

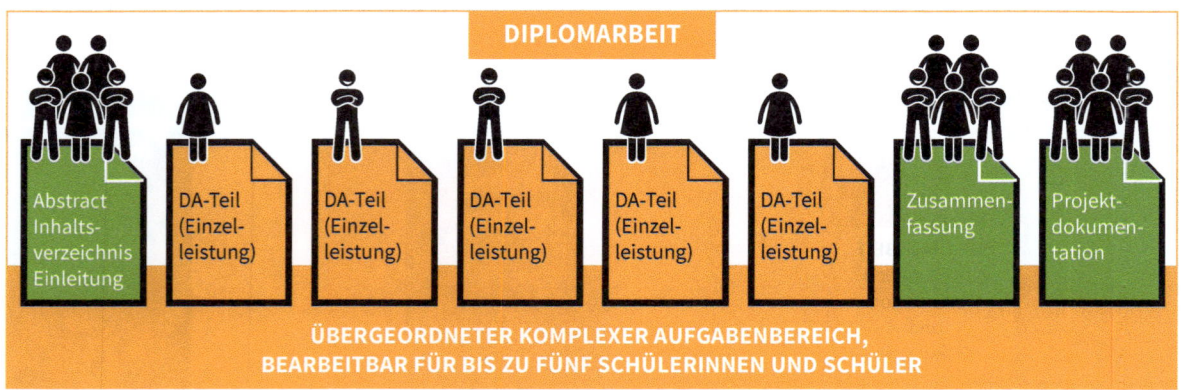

Damit du siehst, wie deine Diplomarbeit beurteilt wird, schau dir gemeinsam mit deiner betreuenden Lehrkraft den Beurteilungsraster (Rubric) an. Das Verhältnis von schriftlicher Arbeit und Präsentation/Diskussion ist ca. 70 : 30. Obwohl die Diplomarbeit eine Teamarbeit ist, bekommt jede Schülerin und jeder Schüler eine eigene Note. Du bist daher für das Ergebnis deines Diplomarbeitsteils selbst verantwortlich!

Um zu bestimmen, ob es sich bei der Diplomarbeit um ein Projekt handelt, wird eine Projektwürdigkeitsanalyse durchgeführt. Es wird geprüft, ob die Diplomarbeit diese besonderen Merkmale erfüllt:

MERKMAL	HOCH	MITTEL	NIEDRIG	BEGRÜNDUNG
komplex (inhaltlich, sozial)	x			Das Team arbeitet an einem umfangreichen und inhaltlich herausfordernden Thema. Das Team besteht aus mehreren Schülerinnen und Schülern. Zusammenarbeit mit einem externen Kooperationspartner ist in vielen Fällen gegeben.
neuartig	x			Jede Diplomarbeit wird zu einem neuen Thema geschrieben. Jede Diplomarbeit hat einen empirischen/ fachpraktischen Teil (evtl. in Zusammenarbeit mit einem externen Kooperationspartner), z. B. Erstellung eines Modestücks oder Durchführung von Kundenbefragungen.
ziel-determiniert	x			In jeder Diplomarbeit werden klare, ganzheitliche Ziele gesetzt.
strategisch bedeutsam	x			Die Diplomarbeit ist Teil der RDP.
riskant	x			Die Diplomarbeit ist eine Prüfungsarbeit, ein Scheitern ist möglich.

Die Diplomarbeit kann als Projekt bezeichnet werden – unabhängig davon, ob ihr mit einer externen Kooperationspartnerin/einem externen Kooperations-partner zusammenarbeitet oder nicht. Es liegt daher nahe, Methoden aus dem Projektmanagement in den Prozess der Erstellung, Präsentation und Diskussion der Diplomarbeit einzubeziehen. Durch diesen Einsatz werden auch Transparenz und Verbindlichkeit im Arbeitsprozess unterstützt. Die Methoden werden in einem **Projekthandbuch** zusammengeführt.

Ü 9.1 Abschlussarbeiten

Schau dir jeweils mit einer Schulkollegin bzw. einem Schulkollegen im Archiv eurer Schule alte Abschlussarbeiten an, und stellt in einer Liste übersichtlich gegenüber, was euch als besonders positiv, aber auch als besonders negativ auffällt.

2 Zeitschiene zur Diplomarbeit

Obwohl deine Diplomarbeit Teil der Benotung in der letzten Schulstufe ist, beginnen die vorbereitenden Arbeiten bereits im IV. Jahrgang.

Die folgende Abbildung zeigt den Prozess im Kontext der Diplomarbeit. In weiterer Folge werden die Teilprozesse im Detail beschrieben.

DIPLOMARBEIT VORBEREITEN	DIPLOMARBEIT DURCHFÜHREN	DIPLOMARBEIT NACHBEARBEITEN
7./8. Semester IV. Jahrgang	9./10. Semester V. Jahrgang	10. Semester V. Jahrgang

Die Diplomarbeit bedeutet für dich eine hohe zeitliche Belastung – speziell im V. Jahrgang! Durch den Einsatz von Projektmanagementmethoden kannst du im Team klare Vereinbarungen treffen und sicherst somit Transparenz und Verbindlichkeit.

3 Projekt initiieren und beauftragen

Im Rahmen deiner Schulausbildung wird die Basis für eine erfolgreiche Erstellung der Diplomarbeit durch vorbereitende Unterrichtsarbeit (Recherchieren, Zitieren, Urheberrecht, empirische Methoden, Dokumentationsarbeit, Projektmanagement, Präsentieren) in allen Unterrichtsgegenständen gelegt. Über die Diplomarbeit wirst du hinsichtlich Ablauf und Inhalt von deiner betreuenden Lehrkraft informiert.

Wann beginnen aber nun die ersten Arbeiten zur Diplomarbeit? Da es sich bei der Diplomarbeit um ein Projekt handelt, beginnt die **Projektinitiierung** im 7./8. Semester und umfasst folgende Punkte:

- mögliches Thema recherchieren
- Teammitglieder finden und Team bilden
- Betreuerin/Betreuer finden
- nach Möglichkeit: externe Kooperationspartnerin/externen Kooperationspartner finden
- erste Literaturrecherche durchführen und Thema eingrenzen
- Thema inkl. anzuwendender Methoden bzw. geplantem Ergebnis fixieren
- eventuell: Kooperationsvertrag abschließen
- Thema einreichen und durch die Schulbehörde erster Instanz genehmigen lassen
- Begleitprotokoll führen und Projektauftrag erstellen

Die Reihenfolge der hier dargestellten Punkte kann natürlich für jedes Diplomarbeitsprojekt anders sein.

4 Thema recherchieren und finden

In welchen Gegenständen/Gegenstandskombinationen/Ausbildungsschwerpunkten/Fachrichtungen du deine Diplomarbeit schreiben darfst, ist in der Prüfungsordnung geregelt.

Die Wahl des Themas kann sich ergeben aus:

- der Vorgabe einer externen Kooperationspartnerin oder eines externen Kooperationspartners
- der Vorgabe der Schulleitung bzw. der zukünftigen Betreuerin/des zukünftigen Betreuers
- einer gemeinsamen Erarbeitung von Schülerinnen/Schülern und zukünftigen Betreuerinnen/Betreuern
- einem Vorschlag der Schülerin/des Schülers (Interessengebiet)

Die Diplomarbeit gibt dir die Möglichkeit, deine erworbene Kompetenz (Wissen, Erfahrung) an einem Thema zu zeigen. Das gewählte Thema darf von dir frei gewählt werden, es sollte dich also interessieren.

Tipp: Nutze dein Betriebspraktikum, um Kontakte für eine Kooperation im Rahmen deiner zukünftigen Diplomarbeit zu knüpfen.

WEB-LINK
Einen Link mit Themen für Diplomarbeiten findest du im E-Book.

LERNKARTE

Der Weg zur Einreichung: Der Weg vom Interessengebiet zur Themeneinreichung könnte so aussehen:

INTERESSENGEBIET

IDEE ZUR DIPLOMARBEIT

THEMENEINGRENZUNG

KONKRETER TITEL DER DIPLOMARBEIT
Schwerpunktsetzung pro Schülerin/Schüler

EVENTUELL FORSCHUNGSFRAGE

THEMENEINREICHUNG

Mindmaps eignen sich, alle Ideen zu einem Interessengebiet aufzuschreiben.

Eine erste Literaturrecherche hilft dir, das Thema weiter einzugrenzen. Das übergeordnete Thema muss umfangreich genug sein, um zwei bis fünf Schülerinnen und Schülern die Möglichkeit zu geben, sich einen inhaltlichen Schwerpunkt zu suchen. Die Diplomarbeit hat einen gemeinsamen Titel, aber jede/r aus eurem Team muss einen individuellen Untertitel in ihrer/seiner Arbeit anführen. Das eingegrenzte Thema muss klar formuliert werden.

Tipp: Für die Eingrenzung des Themas ist die Beantwortung folgender Fragen hilfreich:

- Ist die Ausarbeitung innerhalb des vorgegebenen zeitlichen Rahmens und Umfangs der Arbeit unter Berücksichtigung der Teamgröße möglich?
- Kennen wir die notwendigen Methoden oder können wir sie in der vorgesehenen Zeit erlernen?
- Haben wir die notwendigen Ressourcen (personell, finanziell, materiell)?
- Haben wir den notwendigen Zugang zu den Daten?

Ü 9.2 Thema finden

Überlegt euch gemeinsam, welche Möglichkeiten und Quellen es gibt, ein passendes Thema für eure Diplomarbeit zu finden. Dokumentiert das Ergebnis eurer Arbeit in einer Mindmap.

Beispiel Kundenzufriedenheitsanalyse: Anna, Ayse und Lukas haben bereits im Projekt „Winter-Break-Party" erfolgreich zusammengearbeitet. Sie kennen sich gut und beschließen, die Diplomarbeit gemeinsam zu schreiben. Sie haben ihren Familien von der Diplomarbeit erzählt und sich bezüglich Ideen ausgetauscht. Annas Onkel arbeitet beim Sportunternehmen „Sport Yeah". Anna kommt mit ihm ins Gespräch und die mögliche Zusammenarbeit im Rahmen der Diplomarbeit wird schrittweise konkretisiert. Das Unternehmen möchte gerne die Kundenzufriedenheit erhöhen und Anna, Ayse und Lukas sollen mit Kundenbefragungen, Konkurrenzanalysen und Mystery Shopping einen Beitrag dazu leisten. Die ersten Gedanken zum Titel und den einzelnen Teilen werden dokumentiert.

Erstansatz: Titel und Untertitel einer Diplomarbeit

TITEL DES THEMAS	KUNDENZUFRIEDENHEITSANALYSE FÜR DAS SPORTUNTERNEHMEN „SPORT YEAH"
Untertitel je Schüler/in	• Kundenbefragungen mithilfe eines Online-Fragebogens (Anna) • Konkurrenzanalyse von zwei Unternehmen mithilfe eines Online-Fragebogens (Lukas) • Mystery Shopping im Unternehmen mithilfe eines Bewertungsfragebogens (Ayse) • Erarbeitung von Verbesserungsvorschlägen als Beitrag zur Erhöhung der Kundenzufriedenheit für das Unternehmen (Anna, Lukas, Ayse)

5 Team finden

Die Teamgröße beträgt zwischen 2 und 5 Personen. Gleiche Interessen und/oder ähnliche Arbeitsweisen der Teammitglieder erleichtern das gemeinsame Arbeiten. Hilfreich ist es zudem, wenn die Teammitglieder unterschiedliche Stärken aufweisen.

Tipps:
- Die Definition von Projektspielregeln zu Beginn des Projekts bildet die Basis einer guten Teamarbeit.
- Definiert die Regeln und die zu übernehmenden Projektrollen (Projektleiter/in, Schriftführer/in etc.) gemeinsam im Team.
- Der Einsatz von Projektmanagementmethoden sichert Transparenz und Verbindlichkeit im Team.

Ü 9.3 Minidiplomarbeit

Das wissenschaftliche Arbeiten soll nun durch eine kleine schriftliche Arbeit, eine „Minidiplomarbeit" (2–3 Seiten pro Person) in einem Team von zwei bis fünf Personen simuliert werden.

a) Bildet Teams in der genannten Gruppengröße,

b) legt die Spielregeln fest und dokumentiert diese.

ZUSATZINHALT
Eine Vorlage zur Dokumentation der Spielregeln findest du im E-Book.

6 Projektauftraggeberin/Projektauftraggeber(-team) gewinnen

Du hast das Recht, kontinuierlich von einer Lehrkraft betreut zu werden. Die betreuende Lehrperson übernimmt eine beratende Funktion und achtet auf die Einhaltung der gesetzlichen Rahmenbedingungen. Diese Betreuung erfolgt außerhalb der Unterrichtszeit und umfasst die Bereiche: Aufbau der Arbeit, Arbeitsmethodik, Selbstorganisation, Zeitplan, Struktur und Schwerpunktsetzung der Arbeit, organisatorische Belange sowie die Anforderungen im Hinblick auf die Präsentation und Diskussion. Durch die Betreuung darf deine Selbständigkeit bei der Erstellung der Arbeit nicht beeinträchtigt werden. Jede Lehrkraft, die sich mit deinem Thema auskennt, darf dich betreuen. Sie muss kein entsprechendes Fach unterrichten. Abhängig vom Thema kann die Betreuung auch im Lehrerinnen- und Lehrerteam übernommen werden. Eine Lehrperson kann ein Thema auch ablehnen. Auch die Schulleitung selbst könnte als Projektauftraggeber/in fungieren. Deine Betreuerin/Dein Betreuer ist deine **interne Projektauftraggeberin**/dein **interner Projektauftraggeber.**

Aufgaben einer Betreuerin/eines Betreuers sind:

- Unterstützung bei der Themenfindung und evtl. Suche nach einem/einer externen Kooperationspartner/in (Projektinitiierung)
- Beratung bzgl. der Literaturauswahl, der Arbeits- und Projektmanagementmethoden
- Beobachtung und kontinuierliche Rückmeldung des Arbeitsfortschritts
- regelmäßige Betreuungsgespräche zwischen betreuender Lehrkraft und Teammitgliedern
- transparente Darlegung und Erklärung des Beurteilungsrasters (Rubric)
- Dokumentation der betreuenden Tätigkeiten in einem Betreuungsprotokoll

Gespräche mit der Betreuerin/dem Betreuer müssen in einem Protokoll (Begleitprotokoll bzw. Betreuungsprotokoll) dokumentiert werden.

Tipps:
- Kümmere dich so früh wie möglich um eine betreuende Lehrkraft.
- Bedenke bei der Wahl der Betreuung, dass ein gutes Gesprächsklima zwischen euch vorliegt.

Steht nicht bereits bei der Themenfindung ein externer Kooperationspartner als **externer Projektauftraggeber** fest, stellt sich die Frage nach diesem nach gefundenem Thema.

Sowohl Schulleitung als auch betreuende Lehrkraft können dir bei der Suche behilflich sein. Die Zusammenarbeit mit einer externen Partnerin/einem externen Partner (z. B. Unternehmen, Praxisbereiche, Non-Profit-Organisationen) wird begrüßt, stellt aber kein Muss dar.

Die Aufgaben eines externen Projektauftraggebers umfassen die Bereitstellung von Unterlagen und persönliche Betreuung. Ein finanzieller Beitrag zur Deckung der Projektkosten kann zusätzlich vereinbart werden. Es wird empfohlen, eine Kooperationsvereinbarung aufzusetzen, um u. a. auch Überlegungen zum Verwertungsinteresse festzuhalten. Zusätzlich sichert ein unterschriebener Projektauftrag eine gemeinsame Sichtweise der vereinbarten Ergebnisse und liefert Informationen zu den Projekteckdaten.

WEB-LINK
Einen Link zu einer Kooperationsvereinbarung findest du im E-Book.

Die Kooperationspartnerin/Der Kooperationspartner sollte auf das mögliche Scheitern der Diplomarbeit als Prüfungsarbeit hingewiesen werden.

Die externe Kooperationspartnerin/Der externe Kooperationspartner sowie die interne Betreuerin/der interne Betreuer bilden zusammen das **Projektauftraggeberteam.**

Tipps:

■ Bereite dich in Abstimmung mit deiner Betreuerin/deinem Betreuer und deinen Teammitgliedern gut auf ein Gespräch mit einer möglichen externen Kooperationspartnerin/einem möglichen externen Kooperationspartner vor.

■ Die Kooperationsvereinbarung sowie der Projektauftrag sollten vom Projektteam und von den Projektauftraggeberinnen/Projektauftraggebern (Projektauftraggeberteam) unterschrieben werden.

Ü 9.4 Kooperationsgespräch

Überlegt gemeinsam, wie ihr euch am besten auf ein Kooperationsgespräch mit einer (möglichen) externen Projektauftraggeberin/einem (möglichen) externen Projektauftraggeber vorbereitet. Erstellt eine Liste mit Punkten, die vor dem Gespräch geklärt werden müssen.

7 Thema einreichen

Das Thema wird in Einvernehmen zwischen der Betreuerin/dem Betreuer und dem Schüler/innenteam bei der Schulbehörde erster Instanz bereits im 8. Semester eingereicht (rechtlich bis spätestens drei Wochen nach Beginn der letzten Schulstufe möglich). Die frühe Einreichung bereits im 8. Semester ist an vielen Schulen eine praxiserprobte Empfehlung der zuständigen Schulbehörde, damit ihr über die Ferien gesichert an der Arbeit schreiben könnt.

Die Zustimmung durch die Schulbehörde kann frühestens am Ende des 8. Semesters, jedoch spätestens sechs Wochen nach Beginn der letzten Schulstufe erfolgen.

Das Themeneinreichungsformular beinhaltet neben dem Titel der Arbeit auch die Untertitel (individuelle Schwerpunktsetzung) je Schülerin/Schüler. Außerdem werden die Gegenstände, die mögliche externe Kooperationspartnerin/der mögliche externe Kooperationspartner und der praktische Teil der Arbeit dargestellt.

Inwieweit eine Forschungsfrage (= Untertitel) bei der Themeneinreichung formuliert sein muss, hängt vom jeweiligen Schultyp ab.

Beispiel Kundenzufriedenheitsanalyse: Themeneinreichung

TITEL	KUNDENZUFRIEDENHEITSANALYSE FÜR DAS SPORTARTIKELUNTERNEHMEN „SPORT YEAH"
Untertitel	• Kundenzufriedenheit: Literaturanalyse und Durchführung von Kundenbefragungen mithilfe eines Online-Fragebogens (Anna Schuster) • Kundenbindung: Literaturanalyse sowie Durchführung einer Konkurrenzanalyse von zwei Unternehmen mithilfe eines Online-Fragebogens (Lukas Hofer) • Mystery Shopping: Literaturanalyse und Durchführung von Mystery Shopping in verschiedenen Abteilungen des Unternehmens mithilfe eines Bewertungsfragebogens (Ayse Gündüz) • Erarbeitung von Verbesserungsvorschlägen als Beitrag zur Erhöhung der Kundenzufriedenheit (Anna Schuster, Lukas Hofer, Ayse Gündüz)
Schülerin/ Schüler	Anna Schuster Lukas Hofer Ayse Gündüz
Gegenstände	Ausbildungsschwerpunkt Qualitätsmanagement und Integrierte Managementsysteme
Kooperations- partner	Sport Yeah, Verkaufsleiter Christian Sportlich
praktischer Teil	Kundenbefragung, Konkurrenzanalyse, Mystery Shopping, statistische Auswertung

Tipp:

Erstelle zusammen mit deinen Projektteammitgliedern ein Exposé der geplanten Arbeit. Ein Exposé ist eine vorausschauende Inhaltsangabe der Diplomarbeit und beschreibt deren Inhalt und Hauptideen. Dieses muss bei Unklarheit der Themenangabe an die Schulbehörde geschickt werden.

Lege dem Antrag auf Diplomarbeitsgenehmigung, wenn gewünscht, den Entwurf des Projektauftrags bei. Dies zeigt eine prozessorientierte Herangehensweise und hohe PM-Kompetenz.

 ZUSATZINHALT
Für das Diplom-arbeitsprojektbeispiel „Kundenzufrieden-heitsanalyse für das Sportartikelunter-nehmen ‚Sport Yeah'" findest du im E-Book ein durchgängiges Projekthandbuch.

Ü 9.5 Thema festlegen

Legt nun gemeinsam ein Thema für eure „Minidiplomarbeit" fest und überlegt euch, wie das Thema gut im Team aufgeteilt werden kann. Haltet dies in übersichtlicher Form fest. Das Thema soll auch einen kleinen praktischen Teil, z. B. eine Befragung, beinhalten. Ein mögliches Thema wäre z. B. die Entwicklung einer Geschäftsidee, die mit einer Befragung möglicher Kundinnen/Kunden untermauert wird. Achtet darauf, dass die „Minidiplomarbeit" wirklich „mini" bleibt und das Seitenausmaß von 2–3 Seiten pro Person nicht überschreitet, da das Hauptaugenmerk auf dem Üben des wissenschaftlichen Arbeitens liegt und euch helfen soll, im Kleinen und betreut das auszuprobieren, was ihr dann im Großen selbständig und unter Beurteilungsdruck ausführen müsst. Euer interner PAG (Projektauftraggeber/in) ist eure betreuende Lehrkraft.

 **ZUSATZINHALT**
Im E-Book findest du eine Vorlage für die Minidiplomarbeit.

8 Projektauftrag erstellen

Der unterschriebene **Projektauftrag** ist das Startzeichen für den Projektbeginn und stellt für alle Projektbeteiligten eine Verbindlichkeit dar. Projektbeteiligte sind sowohl die interne Projektauftraggeberin/der interne Projektauftraggeber (betreuende Lehrperson), das Projektteam (Schülerinnen/Schüler) als auch evtl. die externe Projektauftraggeberin/der externe Projektauftraggeber (Kooperationspartnerin/Kooperationspartner).

Kernstück des Projektauftrags sind die gemeinsam im Team vereinbarten ganzheitlichen **Projektziele.** Es gelingt nur dann, ein Projekt erfolgreich abzuschließen, wenn jede/jeder ein klares Ziel vor Augen hat und jede/jeder weiß, welche Ergebnisse erzielt werden müssen. Ohne klar definierte Ziele zu Projektbeginn kann der Projekterfolg am Ende nicht gemessen werden.

Die Hauptziele legen u. a. die Ergebnisse der Diplomarbeit unter Berücksichtigung der inhaltlichen Schwerpunktsetzung je Schülerin/Schüler fest. Die Ziele sollten immer SMART formuliert werden.

Tipps:
- Vergesst bei der Zieldefinition nicht, die Erwartungen aller Projektbeteiligten abzuklären, um Missverständnisse zu vermeiden. Die Definition von Nicht-Zielen schärft zusätzlich die vereinbarten Ziele eurer Diplomarbeit.
- Betrachtet das Projekt immer ganzheitlich: Das Diplomarbeitsprojekt umfasst nicht nur die inhaltliche Arbeit, sondern auch die Erstellung, Präsentation und Diskussion der Diplomarbeit selbst.
- Gliedert die Hauptziele in Ziele, die bereits der einzelnen Schülerin/dem einzelnen Schüler zugeordnet werden können.
- Definiert als Zusatzziele weitere Prozessziele, die ihr mit dem Diplomarbeitsprojekt erreichen möchtet.

Ü 9.6 Projektauftrag

Definiert für eure „Minidiplomarbeit" Haupt-, Zusatzziele und Nicht-Ziele. Ergänzt die weiteren Felder aus dem Projektauftrag.

 ZUSATZINHALT
Im E-Book findest du einen Projektauftrag, der für das Diplomarbeitsprojekt „Kundenzufriedenheitsanalyse für das Sportartikelunternehmen ‚Sport Yeah'" erstellt wurde.

ZUSATZINHALT
Im E-Book findest du einen Projektzieleplan, der für das Diplomarbeitsprojekt „Kundenzufriedenheitsanalyse für das Sportartikelunternehmen ‚Sport Yeah'" erstellt wurde.

 ZUSATZINHALT
Im E-Book findest du eine Vorlage für den Projektauftrag.

9 Projektrollen

Welche Rollen müssen bei der Erstellung, Präsentation und Diskussion der Diplomarbeit von den teilnehmenden Personen eingenommen werden?

 **LERNKARTE**

Darstellung der Rollen: Die funktionalen Rollen können im Projektorganigramm grafisch dargestellt werden:

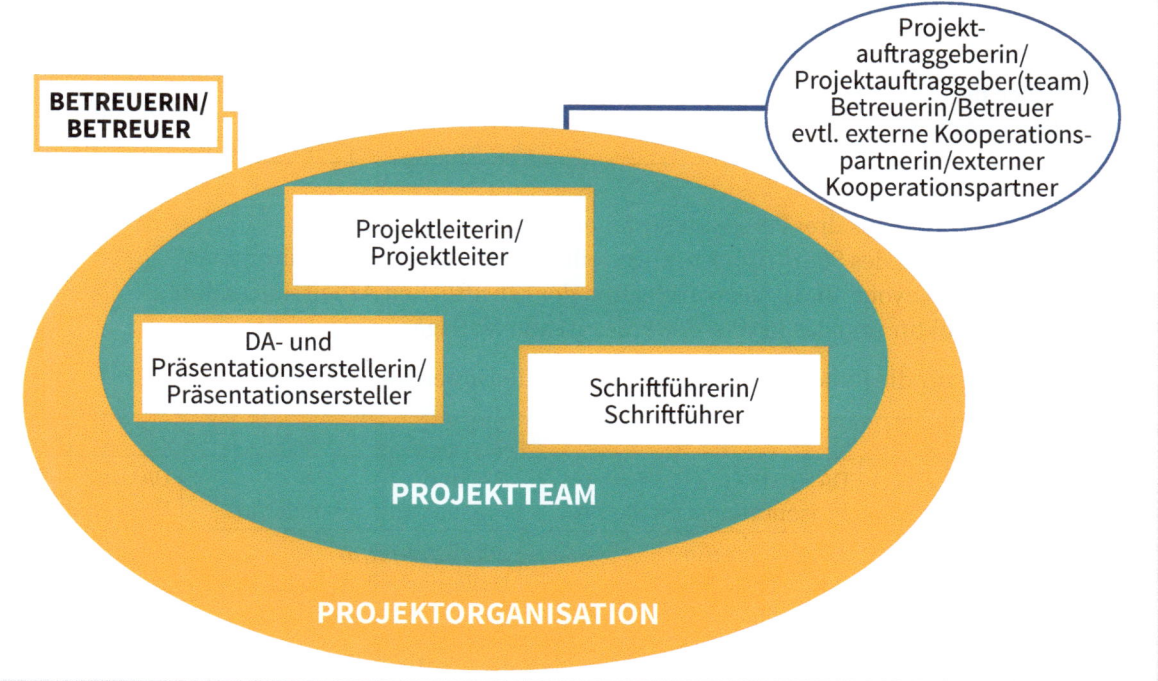

Die Klärung und Festlegung der unterschiedlichen Rollen muss vorab erfolgen. Die Rollenverteilung im Team kann z. B. so aussehen: Jede Schülerin/Jeder Schüler übernimmt im Projekt die Rolle der Diplomarbeits- und Präsentationserstellerin/des Diplomarbeits- und Präsentationserstellers. Zusätzlich ist im Team die Rollenübernahme von Projektleiterin/Projektleiter (Prozessrolle) sowie Schriftführerin/Schriftführer zu vereinbaren.

Die Aufgaben der **Diplomarbeits- und Präsentationserstellerin/des Diplomarbeits- und Präsentationserstellers** beinhalten z. B.:

- selbständige Literaturrecherche
- selbständiges Erstellen des Diplomarbeitsteils (individuelle Themenstellung)
- Vorbereitung des Präsentationsteils (individuelle Themenstellung)
- Durchführung der Präsentation und Diskussion (gemeinsame Einleitung, individuelle Themenstellung)

Die Aufgaben der **Projektleiterin**/des **Projektleiters** könnten z. B. sein:

- Themenantrag bearbeiten und einreichen (Projektinitiierung)
- Ansprechpartnerin/Ansprechpartner für die betreuende Lehrkraft
- Arbeitspakete und das Projektteam koordinieren
- Sitzungen protokollieren und ein regelmäßiges Projektcontrolling durchführen
- Projektmanagementmethoden dokumentieren

Die Aufgaben der **Schriftführerin**/des **Schriftführers Diplomarbeit und Präsentation** umfassen z. B.:

- Koordination aller Schriftstücke und Datenträger
- Überprüfung der Einhaltung von Layout- und Zitiervorschriften
- Verantwortung für das Gesamtlayout der Diplomarbeit und der Präsentation

Vorschlag für die Rollenaufteilung der Projektteammitglieder bei zwei Schülerinnen und Schülern:

	SCHÜLERIN/SCHÜLER 1	SCHÜLERIN/SCHÜLER 2
Rollen der Teammitglieder	DA- und Präsentationsersteller/in	DA- und Präsentationsersteller/in
	Projektleiter/in	Schriftführer/in Diplomarbeit und Präsentation

Sollte das Team aus drei Personen bestehen, kann die Rolle der Schriftführerin/des Schriftführers aufgeteilt werden. Eine Person kümmert sich um die Layout- und Zitiervorschriften der schriftlichen Arbeit, die andere um die Struktur und das Layout der Präsentationsvorlage.

Vorschlag für die Rollenaufteilung bei drei Schülerinnen und Schülern:

	SCHÜLERIN/SCHÜLER 1	SCHÜLERIN/SCHÜLER 2	SCHÜLERIN/SCHÜLER 3
Rollen der Teammitglieder	DA- und Präsentationsersteller/in	DA- und Präsentationsersteller/in	DA- und Präsentationsersteller/in
	Projektleiter/in	Schriftführer/in Diplomarbeit	Schriftführer/in Präsentation

Im Falle von größeren Teams werden die Aufgaben auf die Anzahl der Personen aufgeteilt.

Da jedes Teammitglied einzeln beurteilt wird, ist es wichtig festzuhalten, wer wofür verantwortlich ist und dementsprechend auch die Ergebnisse zu liefern.

Das **Projektteam** ist für einen „roten Faden" in der Gesamtarbeit verantwortlich und erstellt Teile der Diplomarbeit, wie Abstract, Einleitung, evtl. Kapitelübergänge sowie die Zusammenfassung am Schluss der Arbeit gemeinsam. Die Projektmanagementmethoden werden ebenfalls im Team ausgewählt und gemeinsam erarbeitet.

Ü 9.7 Erwartungen an Rollen

Überlegt im Team, welche Erwartungen ihr an die verschiedenen Rollen (Projektleiter/in, DA- und Präsentationsersteller/in, Schriftführer/in) habt, und erstellt Rollenbeschreibungen nach der Struktur „Organisatorische Stellung", „Aufgaben" und „Organisatorische Rechte".

ZUSATZINHALT
Im E-Book findest du eine Vorlage für die Rollenbeschreibungen.

2 Diplomarbeit durchführen

Der Projektauftrag liegt vor, wie geht es weiter?

1 Projekt starten

Der unterschriebene **Projektauftrag** dokumentiert, welche Ergebnisse am Ende vorliegen sollen. Er nimmt eine zentrale Stellung im Projektstartprozess ein. Hierbei wird das „Big Project Picture" entwickelt, Vereinbarungen für die Projektkoordination, das Projektcontrolling und den Projektabschluss getroffen (z. B. Wann finden eure Koordinationssitzungen statt? Wann und wie oft wollt ihr ein Projektcontrolling durchführen? Plant ihr eine separate Präsentation für die externe Projektauftraggeberin/den externen Projektauftraggeber?) und Projektpläne in einem Projekthandbuch dokumentiert. Die Sammlung aller PM-Methoden wird im Kontext der Diplomarbeit als **Projektdokumentation** (Teil der Prozessdokumentation) bezeichnet.

Der Projektbeginn könnte durch eine Kick-off-Veranstaltung initiiert werden, die eurem Team Impuls und Motivation gibt.

Es lohnt sich, am Beginn des Projekts Zeit in die Detailplanung zu investieren. Wenn man nicht sorgfältig genug arbeitet, wird sich das im Verlauf des Projekts rächen. Alle Projektbeteiligten müssen in die Planung einbezogen werden.

Tipp:
Die Projektdokumentation soll dir und deinem Team über die gesamte Projektdauer helfen, den Überblick zu bewahren und klare Vereinbarungen zu treffen. Eine Erstellung der Projektmanagementmethoden im Nachhinein stiftet keinen Nutzen!

Welche PM-Startmethoden du und dein Team zur besseren Planung einsetzen solltet, bleibt eurer Schule bzw. eurer betreuenden Lehrkraft überlassen, jedoch werden folgende Pläne für eine Detailplanung empfohlen:
- Projektzieleplan (diese Ziele finden sich auch im Projektauftrag wieder)
- Projektstrukturplan
- AP-Spezifikation(en) für unklare Arbeitspakete
- Funktionendiagramm (bei Bedarf)
- Meilensteinplan
- Balkenplan (bei Bedarf)
- Personaleinsatzplan und Kostenplan (bei Bedarf)
- Projektspielregeln

Für das Diplomarbeitsprojekt kann dir ein **Muster-Projekthandbuch** zur Verfügung gestellt werden, da der Prozess zur Erstellung, Präsentation und Diskussion immer ähnlich abläuft. Die Projektmanagementmethoden müssen dann jeweils an dein Projekt angepasst werden.

Der **Projektstrukturplan** ist das Herzstück der Projektplanung und ein zentrales Kommunikationsinstrument. Auf einen Blick könnt ihr erkennen, welche Schritte (Arbeitspakete) notwendig sind, um die Projektziele zu erreichen. Gleichzeitig ist er die Grundlage für weitere Planungsmethoden.

Tipp: Druckt den Projektstrukturplan groß aus und hängt ihn in euren Zimmern und/oder im Klassenzimmer auf. So seht ihr immer genau, wo ihr gerade im Diplomarbeitsprozess steht.

Verwendet die Vorlage aus dem Beispiel im E-Book und passt den Plan an euer Projekt an.

Ü 9.8 Projektstrukturplan

Erstellt für euer „Minidiplomarbeitsprojekt" einen Projektstrukturplan im Team. Erstellt den Plan mithilfe von kleinen Post-its auf einem A3-Papier, fotografiert ihn mit euren Smartphones und macht auf dem PC eine Grafik davon.

Für ausgewählte, unklare Arbeitspakete können bei Bedarf **Arbeitspaketspezifikationen** erstellt werden. Somit können die geplanten Ergebnisse detailliert abgestimmt und dokumentiert werden.

Ü 9.9 Arbeitspaketspezifikation

Sucht euch für euer „Minidiplomarbeitsprojekt" ein komplexes Arbeitspaket aus und erstellt eine Arbeitspaketspezifikation. Unterscheidet zwischen AP-Inhalt, Nicht-AP-Inhalt, AP-Ergebnissen und Leistungsfortschrittmessung. Tipp: Das erste Arbeitspaket 1.1 Projekt starten ist auf jeden Fall komplex, denn es beinhaltet alle Tools für die Projektplanung und hat den Projektbasisplan als Ergebnis.

Das Gelingen der Arbeit hängt stark von deiner Zeitplanung ab. Der gröbste Terminplan ist der **Meilensteinplan**. Die Meilensteine können im Diplomarbeitsprojekt für alle Diplomarbeiten unabhängig vom Thema gleich sein. Die geplanten Termine müsst ihr selbstverständlich mit eurer betreuenden Lehrkraft abstimmen.

Mögliche Meilensteine im zeitlichen Ablauf des Diplomarbeitsprojekts

PSP-CODE	MEILENSTEIN	PLANTERMIN
1.1.1	Projektauftrag erteilt	Juni IV. Jg.
1.2.5	Grobgliederung abgegeben	Juli/Sept. IV. Jg.
1.3.6	Literaturarbeit erstellt	Nov. IV. Jg.
1.4.6	empirischer Teil/praktische Arbeit abgeschlossen	Dez./Jän. V. Jg.
1.5.6	Endfassung erstellt, gebunden und eingereicht	Febr. V. Jg.
1.6.4	Präsentation und Diskussion durchgeführt	März/April V. Jg.
1.1.5	Projektabnahme erfolgt	April V. Jg.

Solltet ihr die Termine detaillierter planen wollen, könnt ihr für die einzelnen Arbeitspakete einen (vernetzten) **Balkenplan** erstellen.

Ü 9.10 Meilensteinplan – Balkenplan

Erstellt für euer „Minidiplomarbeitsprojekt" einen Meilensteinplan und einen Balkenplan.

 ZUSATZINHALT
Im E-Book findest du für das Diplomarbeitsprojekt „Kundenzufriedenheitsanalyse für das Sportartikelunternehmen ‚Sport Yeah'" die Dokumentation ausgewählter Projektmanagementmethoden für die Prozesse Projekt starten, koordinieren, controllen und abschließen.

ZUSATZINHALT
Eine Vorlage dazu bzw. den Hinweis auf nützliche Softwaretools findest du im E-Book.

 ZUSATZINHALT
Im E-Book findest du eine Vorlage für die Arbeitspaketspezfikationen.

 ZUSATZINHALT
Im E-Book findest du Vorlagen für Meilensteinplan und Balkenplan.

Im **Funktionendiagramm** könnt ihr für eure Arbeitspakete Verantwortungen zuordnen. Das sichert Verbindlichkeit im Projektteam.

Ü 9.11 Funktionendiagramm

Erstellt für euer „Minidiplomarbeitsprojekt" ein Funktionendiagramm. Berücksichtigt dabei die beteiligten Projektrollen und relevante Stakeholder.

ZUSATZINHALT
Im E-Book findest du die Vorlage zum Funktionendiagramm.

Personaleinsatzplan und **Projektkostenplan** können im Diplomarbeitsprojekt bei Bedarf erstellt werden. Es ist in jeden Fall zu Beginn des Projekts zu klären, ob ausgabenwirksame Kosten während des Projekts anfallen und wer diese trägt.

Ü 9.12 Personaleinsatzplan – Projektkostenplan

Erstellt für euer „Minidiplomarbeitsprojekt" einen Personaleinsatzplan und einen Projektkostenplan.

ZUSATZINHALT
Im E-Book findest du Vorlagen für Personaleinsatzplan und Projektkostenplan.

Vergesst nicht auf die Vereinbarung von **Projektspielregeln.** Dies erleichtert die Zusammenarbeit.

2 Projekt koordinieren und controllen

Sobald das Diplomarbeitsprojekt begonnen hat, ist es laufend zu **koordinieren,** d. h.:

- Sicherung des laufenden Informationsaustauschs der Mitglieder der Projektorganisation und der Vertreterinnen/Vertreter relevanter Stakeholder
- Sicherung des laufenden Projektfortschritts und der Qualität der Arbeitspaketergebnisse durch Kontrolle des Arbeitspaketfortschritts und der Abnahme von Arbeitspaketen

Jede/r von euch hat ab Beginn der Erstellung der Diplomarbeit ein Begleitprotokoll zu führen, das den Entstehungsprozess, also alle Arbeitsschritte, Hilfsmittel und Besprechungen zeigt. Dieses **Begleitprotokoll** (= Tätigkeitsbericht) ist Teil der schriftlichen Diplomarbeit.

ZUSATZINHALT
Im E-Book findest du einen Ausschnitt eines Begleitprotokolls.

Tipp: Bereits im Prozess der Projektinitiierung solltest du beginnen, ein Begleitprotokoll zu führen!

In regelmäßigen Abständen finden **Betreuungsgespräche** statt. Diese werden im PSP sichtbar gemacht.

Tipps für das Betreuungsgespräch:

- gründliche Vorbereitung auf das Gespräch: Fragen überlegen, bei Bedarf Fortschrittsbericht erstellen
- pünktliches Erscheinen
- Feedback annehmen, keine Rechtfertigungen
- Gespräch protokollieren

Die betreuende Lehrkraft führt für jedes Teammitglied als Teil der Beurteilungsgrundlage ein **Betreuungsprotokoll.** Dieses Dokument wird dem Prüfungsprotokoll beigelegt.

Sowohl für das Begleit-, als auch für das Betreuungsprotokoll empfiehlt es sich, dieselbe Mustervorlage zu verwenden. Jede Schülerin, jeder Schüler, jede betreuende Lehrkraft führt das Protokoll selbst für sich bzw. für jede Prüfungskandidatin/jeden Prüfungskandidaten.

Angelehnt an den PDCA-Kreis aus dem Qualitätsmanagement, werden auch im Projektmanagement periodische **Controllings** durchgeführt. Ihr stellt gemeinsam im Team einerseits fest, wo ihr im Vergleich zum Plan steht, und andererseits schaut ihr, ob Planadaptierungen notwendig sind. Während eines Projekts ist es immer wieder notwendig, die Pläne aus dem Startprozess an veränderte Gegebenheiten anzupassen. Dieser „Fortschrittscheck" und getroffene Vereinbarungen könnten bei Bedarf in einem **Projektfortschritts- bericht,** z. B. durch die Schriftführerin/den Schriftführer, dokumentiert werden. Ergebnisse und bei Besprechungen getroffene Vereinbarungen werden in einem **Besprechungsprotokoll** dokumentiert.

Tipp: Plant eure Projektcontrolling-Sitzungen **vor** den geplanten Besprechungsterminen mit der betreuenden Lehrkraft und führt sie auch **vor** diesen durch. Stimmt daher die Projektcontrollingtermine mit den Besprechungsterminen ab.

In einem Projekt kann es immer wieder zu Konflikten im Projektteam kommen. Konflikte können als Chancen gesehen werden, um offen über wichtige Themen zu sprechen. Sucht eure betreuende Lehrkraft auf, solltet ihr das Problem nicht selbst lösen können.

Ü 9.13 Protokoll – Fortschrittsbericht

Führt für euer „Minidiplomarbeitsprojekt" ein Begleitprotokoll inklusive aller Besprechungen pro Person. Haltet eure Betreuerin bzw. euren Betreuer mittels Projektfortschrittsbericht auf dem Laufenden.

3 Projekt abschließen

Ein geregelter Projektabschluss ist ebenso wichtig wie ein gut geplanter Start. Ziele des Abschlussprozesses des Diplomarbeitsprojekts sind:
- die finale Projektdokumentation zu erstellen
- die Teamarbeit zu reflektieren
- Stakeholder-Beziehungen evtl. mit einem Dankesbrief zu beenden
- das Projekt formal durch die betreuende Lehrkraft zu beenden und
- den Projektabschlussbericht zu erstellen

Durch die zu Projektbeginn definierten Ziele kann der Projekterfolg am Ende des Projekts gemessen werden.

Da die Diplomarbeit ja bereits vor dem Projektabschluss in gedruckter Form abgegeben werden muss, solltet ihr zusammen mit der betreuenden Lehrkraft überlegen, den **Projektabschlussbericht** bereits vorzeitig zu erstellen und in die Arbeit einzufügen. Da nach der Abgabe inhaltlich nur mehr die Präsentation und Diskussion stattfinden, wäre das eine empfohlene Vorgehensweise. Somit wäre der gesamte PM-Prozess in der Arbeit dokumentiert. Die Dokumentation der finalen PM-Methoden kann die Projektleiterin/der Projektleiter übernehmen.

 ZUSATZINHALT
Im E-Book findest du ein Muster für ein Besprechungsprotokoll und einen Fortschrittsbericht.

Tools
Nützliche Softwaretools zur Koordination während eines Projekts sind z. B. Doodle, geschlossene Facebook- bzw. WhatsApp-Gruppen, Skype, Google Docs.

ZUSATZINHALT
Im E-Book findest du Vorlagen für das Begleitprotokoll und den Fortschritts- bericht.

3 Diplomarbeit erstellen – Ergebnisse vorwissenschaftlich erarbeiten

Die Diplomarbeit umfasst neben einem empirischen bzw. fachpraktischen Teil (Produkt, Dienstleistung) auch eine entsprechende theoretische Auseinandersetzung.

1 Vorwissenschaftliches Arbeiten

Das gewählte Thema der Diplomarbeit sowie die verwendete(n) betriebswirtschaftliche Methode(n) und Hilfsmittel sollen theoretisch fundiert erläutert werden. Indem du entsprechende Literatur eigenständig recherchierst, methodisch vorgehst und die Ergebnisse inklusive korrekten Zitierens nachvollziehbar dokumentierst, erfüllst du die Anforderungen an eine **vorwissenschaftliche Arbeit**.

Welche **Kriterien** müssen bei einer vorwissenschaftlichen Arbeit erfüllt sein?

- Die Forschungsfrage bzw. deine individuelle Schwerpunktsetzung umfasst einen kleinen Bereich und kann mit einfachen Mitteln bearbeitet werden.
- Der Bezug zum aktuellen Forschungsstand ist durch die Recherche und Analyse einiger wissenschaftlicher Texte gegeben.
- Der Erkenntnisgewinn beinhaltet keinen zwingenden Neuigkeitswert.
- Die methodische Vorgehensweise muss nachvollziehbar sein.
- Die Zitierregeln müssen eingehalten werden.

Die vorwissenschaftliche Diplomarbeit ist ein Text, in dem das wissenschaftliche Arbeiten geübt wird. Da es sich um die erste Arbeit handelt, die du in dieser Form verfasst, und zudem nur ein kurzer Zeitraum und wenige Betreuungsstunden zur Verfügung stehen, können an diese Arbeiten keinesfalls so hohe Qualitätskriterien angesetzt werden, wie für wissenschaftliche Fachtexte an der Universität.

Es gilt die Regel „Prägnanz vor Länge". Es wird ein Richtwert von etwa 20–25 Seiten Text pro Schülerin/Schüler (ohne Anhang) empfohlen. Die individuellen Leistungen müssen in der Arbeit klar namentlich sichtbar gemacht werden.

2 Literatur recherchieren

Sobald du ein Thema gefunden hast, geht es darum, geeignete Unterlagen – wissenschaftliche Texte – zur weiteren Bearbeitung zu beschaffen und zu analysieren. Die Medienkunde unterscheidet:

- Bücher (Einzeldarstellung, Sammelband, Nachschlagewerk ...)
- Fachzeitschriften
- Datenbanken

Grundsätzlich sollte man in einer Diplomarbeit versuchen, auf Primärquellen (Originalausgabe) und Sekundärquellen (bereits zitierte Primärquellen) zurückzugreifen.

Internetquellen genügen in den meisten Fällen nicht dem Anspruch der Nachvollziehbarkeit wissenschaftlicher Texte (Tertiärquellen). Das lässt sich allerdings nicht verallgemeinern, sondern muss im Einzelfall überprüft werden. Solltest du eine Website zitieren, dann drucke sie in jedem Fall aus oder speichere sie im PDF-Format ab, da es passieren kann, dass sie zu einem späteren Zeitpunkt nicht mehr auffindbar ist bzw. verändert wurde.

Für eine Erstrecherche zu einem Thema eignet sich das Internet mithilfe von Suchmaschinen aber bestens. Google bietet neben der Websitesuche auch andere sinnvolle Dienste im Kontext Diplomarbeit an: Google Books und Google Scholar.

Du erkennst eine zitierfähige und -würdige Literatur daran, dass sie

- glaubwürdig (Art der Literatur, Verlag),
- genau,
- veröffentlicht (Erscheinungsjahr) und
- nachweisbar (Autor/in) ist.

Tipp: Verwende möglichst aktuelle Quellen und achte auch auf die Gültigkeit (z. B. umsatzsteuerrechtliche Regelungen für Österreich).

Es gibt keine zwingende Vorgabe bzgl. der Anzahl zu verwendender Quellen je Diplomarbeit. Es gilt, dies mit der betreuenden Lehrkraft zu regeln.

Ü 9.14 Quellen

Geht in die Schulbibliothek oder eine Uni-Bibliothek und nehmt verschiedene Medien (Fachbücher, Diplomarbeiten, Fachartikel) zur Hand. Schaut euch das jeweilige Quellenverzeichnis an und diskutiert gemeinsam im Team, welche Quellenarten Primär-, Sekundär- und Tertiärquellen (z. B. Werke eines Autors, Beiträge in Fachzeitschriften/Zeitschriften, Internet, persönliche Mitteilungen, Interviews) sich finden.

Wo und wie kannst du nach Literatur suchen? Dein erster Weg sollte in die Schulbibliothek führen, um dir einen Überblick über themenspezifische Literatur zu verschaffen. Weitere Rechercheinstrumente sind Bibliothekskataloge. Hier bietet sich der Katalog des Österreichischen Bibliothekenverbunds (ÖBV) unter **www.obvsg.at** an. Dort kannst du auch nach Bibliotheken in deiner Nähe suchen.

Tipp: Bittet eure Klassenvorständinnen/Klassenvorstände, am Ende des IV. Jahrgangs gemeinsam eine Bibliothek zu besuchen. Manche Bibliotheken bieten Führungen für Schulklassen an.

WIKIPEDIA
Die freie Enzyklopädie

Wikipedia
Wikipedia ist keine wissenschaftliche Quelle für deine Diplomarbeit, da keine Autorinnen und Autoren angeführt werden. Für eine erste Recherche und als Nachschlagewerk ist es jedoch geeignet, da oft Hinweise auf vertiefende Fachliteratur gegeben werden.

AK
Die Arbeiterkammer bietet eine digitale Bibliothek mit E-Books für Schülerinnen und Schüler an.

3 Zitieren

Jede Quelle (Medien), die du in deiner Arbeit verwendest, musst du zitieren (wissenschaftliche Redlichkeit). Das bedeutet, dass du anführen musst, woher du diese Information oder Behauptung hast, und dient dem Schutz des geistigen Eigentums (Urheberrecht). Man unterscheidet zwischen direkten (wörtlichen) Zitaten und indirekten Zitaten (sinngemäßes Abschreiben in eigenen Worten, Paraphrase). Auch die Quellen von Abbildungen müssen angegeben werden (Bildzitate). In deiner Diplomarbeit suchst du somit zu einem Thema unterschiedliche wissenschaftliche Quellen zusammen, dokumentierst die Gedanken und Ideen von anderen Autorinnen und Autoren und interpretierst/ergänzt/diskutierst diese mit deinen eigenen Ideen.

Wenn du etwas übernimmst, ohne die Quelle anzugeben, dann **plagiierst** du. Das führt dazu, dass deine Arbeit negativ beurteilt wird. Die Diplomarbeiten werden einer Plagiatsprüfung unterzogen.

Alle zitierten Quellen werden am Ende der Arbeit in einem Quellenverzeichnis (alle Textquellen, in alphabetischer Reihenfolge) und Abbildungsverzeichnis (Tabellen, Grafiken etc.) vollständig angeführt. Eine einheitliche Zitierweise muss mit der betreuenden Lehrkraft abgestimmt werden. In den meisten Fällen gibt die Schule eine vor, wie z. B. den Zitierstandard der American Psychological Association (APA).

Beispiel: Zitieren von direkten und indirekten Zitaten im Text (ein Autor), nach APA

> **Ziele der Planung der Projektziele**
>
> Ziel der Planung der Projektziele ist die Herstellung einer möglichst „ganzheitlichen" Projektsicht. Das Projektauftraggeberteam ist nicht an Suboptimierungen durch die Realisierung von Teilzielen sondern an einer ganzheitlichen Problemlösung interessiert. Nur durch die Berücksichtigung aller „eng gekoppelten" Ziele wird eine ganzheitliche Projektsicht gewährleistet.
>
> Es bleibt z. B. die zielkonforme Implementierung der eApplikation im Rahmen des Projekts „Realisierung eApplikaton" nur eine Suboptimierung, wenn nicht auch die personellen und organisatorischen Voraussetzungen zur Nutzung der eApplikation geschaffen werden. Auch die Schaffung dieser Voraussetzungen stellen daher im Projekt wahrzunehmende Ziele dar, die mit den Zielen der Implementierung der eApplikation eng gekoppelt sind.
>
> Die Projektziele sind durch eine entsprechende Quantifizierung möglichst zu operationalisieren. Nur dadurch ist eine Kontrolle der Erreichung der Projektziele und eine Bewertung des Projekterfolgs möglich.

DIREKTES ZITAT	INDIREKTES ZITAT (SINNGEMÄSSE ERFASSUNG)
„Ziel der Planung der Projektziele ist die Herstellung einer möglichst ‚ganzheitlichen' Projektsicht. […] Die Projektziele sind durch eine entsprechende Quantifizierung möglichst zu operationalisieren. Nur dadurch ist eine Kontrolle der Erreichung der Projektziele und eine Bewertung des Projekterfolgs möglich." (Gareis, 2006, S. 237) ODER: Gareis (2006, S. 237) beschreibt die Ziele der Planung der Projektziele wie folgt: „Ziel …"	Ziel der Planung der Projektziele ist es, Ziele „ganzheitlich" zu formulieren, d. h., alle eng gekoppelten Ziele sollten berücksichtigt werden. Außerdem gilt es, Ziele zu operationalisieren (messbar zu machen). Damit können die Ziele am Ende des Projekts kontrolliert und der Projekterfolg bewertet werden. (vgl. Gareis, 2006, S. 237)

Literaturverzeichnis
Gareis, R. (2006). Happy Projects!. Wien: Manz Verlag

Weitere Informationen zu den Zitierregeln erhältst du im Fach Officemanagement und angewandte Informatik.

Tipps:

- Verwendet für die Verwaltung eurer Quellen und der einheitlichen Zitierweise unbedingt ein Literaturverwaltungsprogramm. Regelt das bereits vor Beginn der Erstellung euer Kapitel und stimmt es mit eurer betreuenden Lehrkraft ab. Es liegt in eurer Eigenverantwortung.
- Geht sparsam mit direkten Zitaten um.

Ü 9.15 Zitieren

Sucht für eure „Minidiplomarbeit" mindestens drei zitierfähige Quellen und verarbeitet diese im Theorieteil unter Anwendung von Zitierregeln. Erstellt auch ein Literaturverzeichnis. Setzt dazu ein Softwaretool ein.

CITAVI
Ein gutes Tool für einfaches und einheitliches Zitieren ist CITAVI.

 ZUSATZINHALT
Weitere Informationen und Vorlagen zu Zitierregeln und Literaturverzeichnis findest du im E-Book.

4 Forschungsmethoden

Nachdem du das Thema festgelegt, die Literatur recherchiert und aufgearbeitet hast, kannst du dich nun der Empirie bzw. dem fachpraktischen Teil widmen.

Abhängig von deinem Thema und der damit verbundenen wissenschaftlichen Disziplin wirst du für deine Arbeit unterschiedliche (Forschungs-)Methoden verwenden.

Empirische Forschungsmethoden werden in **quantitative** (Zahlen) und **qualitative** (Texte) **Methoden** unterschieden. Das Prinzip besteht im Sammeln und Deuten von Daten. Zur Auswahl stehen: Experimente, Beobachtung, Fragebogen/Interviews, Textinterpretation/Inhaltsanalyse, logische Analyse.

Statistik Austria
Eine riesige Quelle von prozessgenerierten Daten bietet Statistik Austria:
www.statistik.at.

Gütekriterien für Forschungsmethoden:

- **Objektivität:** Unabhängigkeit in der Beurteilung von wissenschaftlichen Ergebnissen
- **Reliabilität:** Zuverlässigkeit/Genauigkeit wissenschaftlicher Ergebnisse
- **Validität:** Gültigkeit der Messung wissenschaftlicher Ergebnisse

Tipps:

- Stimmt eure Methodenauswahl mit eurer betreuenden Lehrkraft ab.
- Bitte beachte, dass du im Rahmen deiner Arbeit keine Vollerhebung machen kannst und daher bei der Interpretation deiner Daten keine allgemeingültigen Aussagen treffen darfst. Überlege dir im Falle einer Umfrage die Stichprobe genau und mache deine Entscheidungen nachvollziehbar.
- Solltet ihr einen Fragebogen einsetzen, testet ihn vorher an Personen, die nichts mit eurer Arbeit zu tun haben. Der Fragebogen darf nach Beginn der Umfrage nicht mehr verändert werden. Ein Vergleich der Daten wäre sonst nicht mehr möglich.
- Bei der Präsentation und Diskussion solltest du mit einer Frage zum Methodeneinsatz rechnen, lege dir schlüssige und nachvollziehbare Argumente zurecht.

Solltest du einen Auftrag für eine externe Kooperationspartnerin/einen externen Kooperationspartner durchführen oder z. B. ein Werkstück erstellen, dann sind diese Ergebnisse Kernstück deines fachpraktischen Beitrags.

Wenn ihr eure empirischen Ergebnisse ausgewertet bzw. eure Produkte/Dienstleistungen entwickelt habt, gilt es, diese mit den Erkenntnissen aus eurer Literaturanalyse zu vergleichen. Schreibt gemeinsam im Team die Zusammenfassung und verknüpft dabei die Ergebnisse mit eurer Themenstellung.

Ü 9.16 Empirische Ergebnisse

Erstellt für eure „Minidiplomarbeit" den empirischen Teil.

ZUSATZINHALT
Hinweise, Tipps und Vorlagen für Befragungen findest du im E-Book.

5 Aufbau und Layout der Diplomarbeit

Für das Grundgerüst deiner Diplomarbeit gelten die Vorgaben des Unterrichtsministeriums. Das Inhaltsverzeichnis sollte den logischen Aufbau und den roten Faden der Arbeit erkennen lassen. Die Struktur und das Layout für die Diplomarbeit könnte die Schriftführerin Diplomarbeit/der Schriftführer Diplomarbeit erstellen, solltet ihr diese Rolle vorab definiert haben.

Vorschlag einer möglichen Gliederung der Diplomarbeit:

- Deckblatt
- eidesstattliche Erklärung
- Abstract: inhaltliche Zusammenfassungen in deutscher sowie in einer besuchten lebenden Fremdsprache
- Vorwort
- Inhaltsverzeichnis
- Danksagung
- Einleitung
- Hauptteil: theoretische und empirische/fachpraktische Auseinandersetzung mit dem Thema
- Zusammenfassung
- Quellen-/Literaturverzeichnis
- Abbildungs-, Tabellen- und Abkürzungsverzeichnis
- Anhang: Prozessdokumentation
- Projektdokumentation inkl. Begleitprotokoll
- Material, das nicht in den Text eingefügt wird, z. B. Fragebögen, Interviewleitfäden, Kalkulationen etc.

Was das Layout der Diplomarbeit betrifft, so sprecht das mit eurer betreuenden Lehrkraft ab. Oft haben die Schulen bereits Richtlinien für die Formatierung der Arbeit.

Eine vorwissenschaftliche Arbeit ist stilistisch eine Herausforderung. Versucht kurz, klar und bildhaft zu schreiben.

Tipp: Achtet auf ein geschlechtergerechtes Formulieren und einigt euch auf eine einheitliche Vorgehensweise.

Zusätzlich solltet ihr vor Beginn der Arbeit eine entsprechende Erklärung zur selbständigen Erarbeitung unterschreiben. Eine Mustervorlage ist auf der Plattform **www.diplomarbeiten-bbs.at** zu finden.

Die Diplomarbeit muss in zweifach ausgedruckter und digitaler Form zzgl. physischer Beigabe der praktischen und/oder grafischen Ergebnisse abgegeben werden.

Ü 9.17 Gelungene Diplomarbeiten

Schaut euch ausgezeichnete Diplomarbeiten an und überlegt, welche sprachlichen Aspekte an dieser Arbeit gelungen sind. Erstellt anhand dieser Vorbildarbeiten das Inhaltsverzeichnis eurer „Minidiplomarbeit" und verfasst die Theorieteile.

6 Diplomarbeit präsentieren und diskutieren

Die **Präsentation** und abschließende **Diskussion** erfolgen in der Praxis zwischen Abgabe der Diplomarbeit durch die Schülerinnen und Schüler und Beginn der schriftlichen RDP und werden in die Benotung zu ca. 30 % einbezogen. Die Termine der Präsentation werden von der Schulbehörde in Absprache mit den Schulleiterinnen und Schulleitern festgelegt.

Die Präsentation und Diskussion erfolgen öffentlich vor einer Prüfungskommission. Eine zusätzliche Präsentation vor einer externen Kooperationspartnerin/einem externen Kooperationspartner ist möglich, jedoch nicht Teil der Prüfung. Du hast für beide Teile in Summe 15 Minuten Zeit, d. h., die Präsentation deines Präsentationsteils (ohne die gemeinsame Einleitung am Anfang) sollte max. 7 Minuten dauern, um noch Zeit für die Diskussion zu haben. Bei der Diskussion geht es darum, deine Arbeit zu „verteidigen" und auf Verständnisfragen und Rückfragen zur Erstellung der Arbeit (wie z. B. ausgewählte Methode, Problemstellung, Recherche und persönliche Beweggründe) der Kommission zu antworten. Es werden keine inhaltlichen Fachfragen bzw. Umfeldfragen gestellt. Du musst allerdings über die gesamte Arbeit Bescheid wissen und solltest auch Fragen aus den anderen Teilen deiner Teammitglieder beantworten können. Das Prüfungsgespräch wird von der Betreuerin/dem Betreuer geleitet, es können jedoch alle Mitglieder der Prüfungskommission Fragen stellen.

Solltest du die Arbeit in einer Fremdsprache verfasst haben, dann darfst du sie auch in dieser Sprache präsentieren, sofern alle Mitglieder der Prüfungskommission dem zustimmen.

 LERNKARTE

Präsentation und Diskussion einer Diplomarbeit: Die Präsentation und Diskussion einer Diplomarbeit läuft in mehreren Phasen ab.

PRÄSENTATION		DISKUSSION
 **GEMEINSAME EINLEITUNG** Präsentation des Projekts (Inhalt, Prozess) Vorstellung des Projektteams	 **PRÄSENTATION DER EINZELNEN DIPLOMARBEITSTEILE JE SCHÜLERIN/SCHÜLER** (Themenbereich, Problemstellung, Methodeneinsatz/ Arbeitsweise, zentrale Ergebnisse, Zusammenfassung, Ausblick, Danksagung)	 **DISKUSSION ZU DEN EINZELNEN DIPLOMARBEITSTEILEN JE SCHÜLERIN/SCHÜLER**
	7–8 Minuten pro Schülerin/Schüler	7–8 Minuten pro Schülerin/Schüler
	maximal 15 Minuten pro Schülerin/Schüler	

Du hast während deiner Schulzeit schon viele Präsentationen gehalten und konntest Erfahrungen sammeln. Zeige vor der Prüfungskommission, was du alles gelernt hast!

Bedenke, dass du dich lange mit dem Thema beschäftigt hast. Du brauchst dich vor der Präsentation und Diskussion nicht fürchten, da du inhaltlich deine Arbeit am besten kennst. Überlege dir vorab schlüssige Argumente zu den wichtigsten Aussagen deiner Präsentation.

WEB-LINK
Einen Link zu Tipps zur Vorbereitung und Durchführung deiner Präsentation findest du im E-Book.

Tipps zur Präsentation:
- Überlegt, wie ihr die Kommission für euer Thema begeistern könnt. Was sind die Kerninhalte?
- Verwendet eine klare Struktur und ein einheitliches Layout für die Präsentationsfolien. Auch wenn jede Schülerin/jeder Schüler einzeln präsentiert, so präsentiert ihr trotzdem das Ergebnis eurer gemeinsamen Diplomarbeit!
- Einleitung (Begrüßung, Teammitglieder vorstellen, Ziele der Präsentation vorstellen, Ziele des Projekts vorstellen: verwendet Ausschnitte der Projektdokumentation)
- Hauptteil („roten Faden" sicherstellen, Fokus auf das Wesentliche: Ergebnisdokumentation, evtl. Ergebnisse wie z. B. Prototypen präsentieren)
- Abschluss (Zusammenfassung/Ausblick, Lessons learned, Dank an das Publikum und Aufforderung zur Diskussion)
- Verwendet eine klare und einfache Sprache mit kurzen Sätzen. Sprecht deutlich und langsam. Setzt Anreize zum Wecken von Emotionen.
- Verwendet Hilfsmittel, um eure Inhalte möglichst visuell darzustellen: ein Bild sagt mehr als tausend Worte.
- Übt die Präsentation zuerst einzeln, dann gemeinsam im Team. Filmt euch evtl. gegenseitig. Übung macht den Meister!
- Testet den Einsatz von (technischen) Hilfsmitteln im Präsentationsraum vorab, z. B.: Lässt sich die Präsentation öffnen, ist der Beamer richtig eingestellt, wie muss das Licht am besten sein, brauche ich einen Internetzugang, ein Flip-Chart, wo präsentiere ich meine Ergebnisse (Wandtafel, Pinnwand, Tisch etc.)?
- Setzt Präsentationshilfsmittel wie Moderationskarten und evtl. eine Präsentationsfernbedienung ein. Besucht bereits in eurem vorletzten Ausbildungsjahr Präsentationen und Diskussionen der Diplomarbeit der Maturantinnen und Maturanten und bittet um Tipps.

Ü 9.18 Minidiplomarbeit präsentieren

Präsentiert eure „Minidiplomarbeit" vor eurer Lehrkraft und euren Klassenkameradinnen/Klassenkameraden. Setzt euch nachher zusammen, um die Präsentation zu besprechen, und haltet fest, was gut gelaufen und was verbesserungswürdig ist.

Ü 9.19 Minidiplomarbeit diskutieren

Diskutiert im Anschluss an die Präsentation eure „Minidiplomarbeit" mit eurer Lehrkraft sowie euren Klassenkameradinnen/Klassenkameraden. Dazu darf und soll jede Zuhörerin und jeder Zuhörer zumindest eine Frage stellen, die zum Ziel hat, die „Minidiplomarbeit" zu hinterfragen.

4 Diplomarbeit nachbereiten

Nach Abschluss der Präsentation und Diskussion ist das Projekt „Diplomarbeit" inhaltlich beendet. Aber was passiert mit den Ergebnissen der Diplomarbeit?

Nach Projektabschluss gibt es noch ein paar Dinge, die in der **Nachprojektphase** passieren: Die Prüfungskommission erarbeitet für die Diplomarbeit einen Beurteilungsvorschlag, die Beurteilung selbst erfolgt im Rahmen der Klausurkonferenz. Die Note ist Teil des RDP-Zeugnisses.

Solltet ihr mit einer externen Kooperationspartnerin/einem externen Kooperationspartner gearbeitet haben, dann wäre eine separate Präsentation der inhaltlichen Ergebnisse denkbar.

Wenn ihr noch Zeit und Lust habt, könnt ihr die Ergebnisse eurer Diplomarbeit auch versuchen zu „verwerten". Es gibt z. B. verschiedene Wettbewerbe, bei denen ihr eure Arbeit einreichen könnt. Im Kontext Projektmanagement gibt es den „pma junior award" von Projektmanagement Austria (pma). Der Verein zeichnet mit diesem Preis schulische bzw. studentische Projektteams aus, die herausragende Leistungen in Projekten erzielt haben. Damit fördert pma Projektmanagement an BHS und an Fachhochschulen in Österreich. Durch die Erstellung eines umfassenden Feedbackreports für jedes bewertete Projekt liefert pma den Ausbildungsinstitutionen eine maßgeschneiderte Analyse der Stärken und Optimierungspotentiale des angewandten Projektmanagements. Der „pma junior award" basiert auf einer adaptierten Version des Project-Excellence-Modells, das sich seit vielen Jahren beim „IPMA Project Excellence Award" und dem österreichischen „pma award" bewährt hat.

Nähere Informationen zum „pma junior award" von pma findest du auf **www.p-m-a.at.**

Die Diplomarbeit und die RDP bereiten dich auf deine weiterführende Ausbildung an Uni oder FH vor. Vielleicht möchtest du dich mit deinem gewählten Thema weiterhin beschäftigen und in diesem Bereich tätig werden? Das erlernte Wissen durch Erstellung deiner Diplomarbeit wird dir auf jeden Fall in deinem weiteren Leben sehr nützlich sein.

Deine Diplomarbeit ist fertig? Du hast die Präsentation und Diskussion erfolgreich abgeschlossen? Gratulation! Du hast einen persönlichen Meilenstein geschafft und konntest ein Projekt erfolgreich im Team abschließen.

Ü 9.20 Einladung zur Präsentation

Erstellt ein Programm und eine Einladung zur Präsentation eurer „Minidiplomarbeit", so, als wäre es die abschließende Diplomarbeit. Fertigt auch eine Checkliste an, in der wichtige Punkte festgehalten werden und nominiert eine Moderatorin bzw. einen Moderator, die/der durch den Abend führt. Überlegt, was alles schiefgehen könnte, und überlegt nach der Ursachenanalyse auch mögliche Vorbeugemaßnahmen.

 LERNKARTE

Überblick Diplomarbeitsprozess: Der gesamte Diplomarbeitsprozess lässt sich abschließend im Überblick wie folgt darstellen:

7./8. SEMESTER IV. JAHRGANG	9./10. SEMESTER V. JAHRGANG	10. SEMESTER V. JAHRGANG
Diplomarbeitsprojekt initiieren	**Projektmanagement**	**Inhalt**
Team bilden	Projekt starten	Diplomarbeit erstellen – Ergebnisse wissenschaftlich erarbeiten
Betreuerin/Betreuer sowie externe Kooperationspartnerin/ externen Kooperationspartner finden	Projektdokumentation (Projektbasisplan) erstellen	Ergebnisse präsentieren und diskutieren
Thema suchen und einreichen	Projekt koordinieren und controllen	Arbeiten Nachprojektphase erledigen
Projektauftrag erstellen	Projektdokumentation aktualisieren	RDP durchführen
	Fortschrittsberichte erstellen	Diplomarbeit bei Bedarf bei Wettbewerben einreichen
	Betreuungsgespräche durchführen	
	Begleit- und Besprechungsprotokolle erstellen	
	Projekt abschließen	
	Projektdokumentation finalisieren	
	Projektabschlussbericht erstellen	

Können

K 9.1 Concept Map

Erstellt für die Anwendung der PM-Methoden eine Concept Map. Eine Concept Map ist die Visualisierung von Begriffen (Concepts) und ihren Zusammenhängen in Form eines Netzes. Sie ist ein Mittel zur grafischen Darstellung von Informationen und ein Mittel der Gedankenordnung und -reflexion. Schreibt daher auf ein großes Blatt (z. B. A3) alle PM-Methoden und verbindet jene Tools, die zusammenhängen, miteinander. Schreibt auf die Linien, die die Tools miteinander verbinden, wie sich der Zusammenhang darstellt.

 ZUSATZINHALT
Ein Muster zur Concept Map findest du im E-Book.

 ZUSATZINHALT
Im E-Book findest du einen Multiple-Choice-Test, der sich an den Vorgaben für die Diplomarbeit und das wissenschaftliche Arbeiten orientiert, sowie Aufgaben mit automatischer Kontrolle.

WEITERE AUFGABEN ZU DIESEM KAPITEL IM E-BOOK.

 **AUFGABEN**
K 9.2 – K 9.3

Kompetenzcheck

KOMPETENZEN KAPITEL 9	KANN ICH	LEHRSTOFF	WENN ICH NOCH ÜBEN MUSS …
Ich kann die Diplomarbeit als Projekt durchführen.		Lerneinheit 1–4	Ü 9.2, Ü 9.3, Ü 9.4, Ü 9.5, Ü 9.6, Ü 9.7, Ü 9.8, Ü 9.9, Ü 9.10, Ü 9.11, Ü 9.12, Ü 9.13, Ü 9.14, Ü 9.15, Ü 9.16, Ü 9.17, Ü 9.18, Ü 9.19, Ü 9.20
Ich kann den zeitlichen Ablauf für Erstellung, Präsentation und Diskussion der Diplomarbeit beschreiben.		Lerneinheit 1, Lernschritt 2	
Ich kann das Projekt „Diplomarbeit" erfolgreich initiieren, starten, controlln, koordinieren und abschließen sowie eine durchgängige Projektdokumentation für das Diplomarbeitsprojekt erstellen.		Lerneinheit 1, Lernschritt 3 – Lerneinheit 2, Lernschritt 3	Ü 9.2, Ü 9.3, Ü 9.4, Ü 9.5, Ü 9.6, Ü 9.7, Ü 9.8, Ü 9.9, Ü 9.10, Ü 9.11, Ü 9.12, Ü 9.13
Ich kann Ergebnisse nach den Regeln des wissenschaftlichen Arbeitens herbeiführen und darstellen.		Lerneinheit 3, Lernschritt 1–4	Ü 9.14, Ü 9.15, Ü 9.16
Ich kann die wesentlichen Punkte einer Präsentation und Diskussion der Diplomarbeit anwenden.		Lerneinheit 2, Lernschritt 6	Ü 9.18, Ü 9.19
Ich kann die wesentlichen Schritte und Überlegungen bei der Nachbereitung der Diplomarbeit beachten.		Lerneinheit 4	Ü 9.20

LERNEN ÜBEN KÖNNEN

M Aktiviere dein Schulbuch als E-Book!

Nutze dieses Kapitel mit zusätzlichen Aufgaben und digitalen Lernkarten.

www.wirlernenmitmanz.at

10

Vorbereitung auf die Arbeit in der Übungsfirma (ÜFA)

Worum geht's in diesem Kapitel?

Wie Prozesse in der Realität funktionieren, kann in der Übungsfirma „mit Netz" gelernt werden. Denn hier sind Fehler erlaubt, ohne dass gravierende Probleme entstehen. Fehler dienen vor allem dazu, daraus zu lernen – sie sollten sich aber nicht oder nur mehr selten wiederholen.

AUFGABE

Liste der Fehler

- Erstelle eine Liste der größten Fehler, die dir bis jetzt in der Schule passiert sind.
- Überlege, welche Konsequenzen diese Fehler in der Realität (in einem Betrieb oder einer anderen Organisation in der Praxis) gehabt hätten (und zwar für dich und für die Organisation).

In diesem Kapitel lernst du:

- was eine Übungsfirma ist
- welche Dienstleistungen über ACT, die Österreichische Servicestelle für Übungsfirmen, angeboten werden
- wie du Beschaffung und Investition durchführst
- wie du den Absatz betreibst
- wie du die Unternehmensrechnung durchführst
- wie du das Personalmanagement und Management durchführst
- wie du dich für die Übungsfirma bewirbst

1 Vorbereitung auf die Arbeit in der Übungsfirma

In der Übungsfirma gibt es, wie in der realen Arbeitswelt, zahlreiche Prozesse, auf die du dich vorbereiten solltest.

Für die Arbeit in der Übungsfirma musst du folgende Prozesse kennen und die damit zusammenhängenden Geschäftsfälle erledigen können:

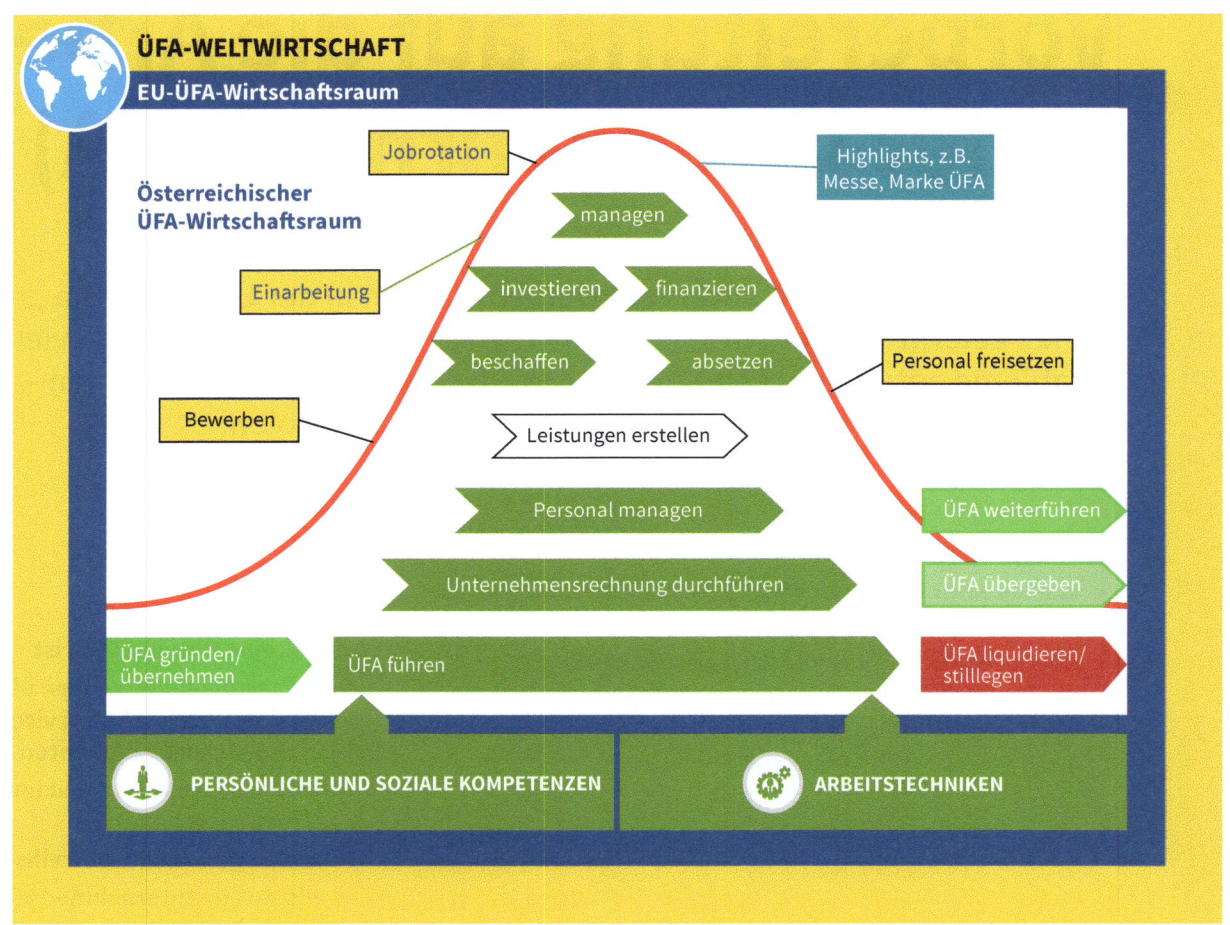

2 Die Übungsfirma und die ACT-Dienstleistungen kennenlernen

In der Übungsfirma arbeiten Schülerinnen und Schüler als Mitarbeiter/innen wie in der Realität auf verschiedenen Arbeitsplätzen.

1 Übungsfirma und ACT-Dienstleistungen

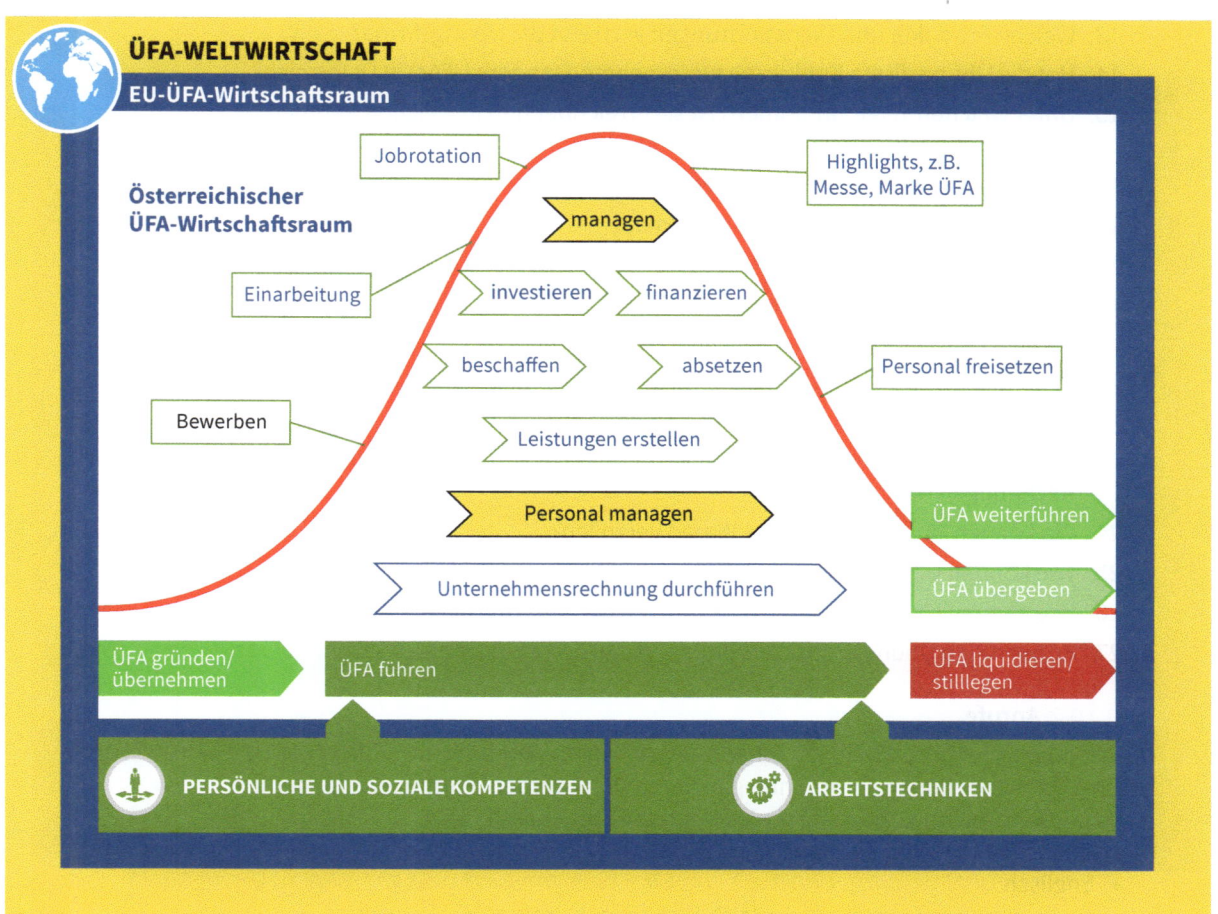

Ziel der Arbeit in der ÜFA ist es, etwas zu lernen, Fehler sind erlaubt. Weitere Unterschiede zur Realität sind durch das virtuell vorhandene Lager und Geld gegeben. Die Österreichische Übungsfirmenservicestelle ACT bildet nicht nur wichtige Behörden zur Simulation ab (z. B. ein Finanzamt), sondern bietet auch wichtige Dienstleistungen, wie z. B. Transport, an. Ein weiterer Unterschied gegenüber der Praxis ist, dass in der Übungsfirma jedes Jahr die Mitarbeiterinnen und Mitarbeiter komplett ausgetauscht werden. Üblicherweise wechselt nur die Geschäftsführung, nicht das Unternehmen.

Ü 10.1 Übungsfirma

Besucht als Gruppe eine Übungsfirma in eurer Schule und erstellt für diese eine FAQ-Liste anhand einer Internetrecherche oder der persönlichen Auskünfte aufgrund folgender Fragen:

1. Was versteht man unter einer Übungsfirma?
2. Was unterscheidet eine ÜFA von einem realen Unternehmen?
3. Wie viele Übungsfirmen gibt es in Österreich, der EU und dem Ausland (in Drittländern)?
4. Drucke den Firmenbuchauszug über ACT aus.
5. Stemple dein Blatt mit dem Firmenstempel der Übungsfirma.
6. Wie lautet die korrekte Firma der Übungsfirma?
7. Unter welcher Adresse ist die ÜFA per E-Mail erreichbar?
8. Hat die Übungsfirma eine Website? Wenn ja, unter welcher URL ist sie zu finden?
9. Betreibt die Übungsfirma einen Webshop?
10. Hat die Übungsfirma eine Facebookseite?
11. Was ist der Unternehmensgegenstand der Übungsfirma?
12. In welcher Branche ist sie tätig?
13. Welche Produkte und Dienstleistungen vertreibt die Übungsfirma?
14. Hat die Übungsfirma Konkurrenzunternehmen (andere ÜFAs) in Österreich?
15. Unter welchen Telefonnummern ist sie erreichbar und in welchen Räumen befinden sich die Telefonanschlüsse?
16. Nenne drei Kundinnen/Kunden der Übungsfirma.
17. Nenne drei Lieferanten der Übungsfirma.
18. In welchem Raum befindet sich das Büromaterial für die Übungsfirmen?
19. Wo ist die ÜFA-Post jeden Morgen zu holen?
20. Wer oder was ist ACT?
21. Welche Steuermeldungen werden vom ACT-Finanzamt online unterstützt?
22. Welche Aufgabe hat die ACT-Sozialversicherung?
23. Was kann man beim ACT-Gericht unternehmen, wenn Kundinnen/Kunden ihre Rechnungen nicht bezahlen?
24. Wo können Übungsfirmen ihre Waren verzollen?
25. Wie können Übungsfirmen ihre Waren per Post verschicken?
26. Wie können Übungsfirmen ihre Waren per Bahn verschicken?
27. Können sich Übungsfirmen als Bieter bei Ausschreibungen beteiligen?

Ü 10.2 Anrufe

Telefonanrufe müssen von der Person, die sich in unmittelbarer räumlicher Nähe zum Telefon befindet, sofort entgegengenommen werden. Formuliere daher die Begrüßung für eine Übungsfirma in folgenden Sprachen:
- Deutsch
- Englisch
- zweite lebende Fremdsprache (z. B. Französisch, Italienisch, Russisch)
- in weiteren Sprachen, die du sprichst (wenn das zutrifft)

Ü 10.3 St. Galler Management-Modell

Erstellt eine Beschreibung für eine Übungsfirma nach dem St. Galler Management-Modell.

 ZUSATZINHALT
Aktuelle Beispiele und Vorlagen für die Übungen der Übungsfirma „Schoolpark Software und Research GmbH" findest du im E-Book.

 ZUSATZINHALT
Eine Vorlage und Erklärung zum St. Galler Management-Modell findest du im E-Book.

2 Beschaffung und Investition für die Übungsfirma durchführen

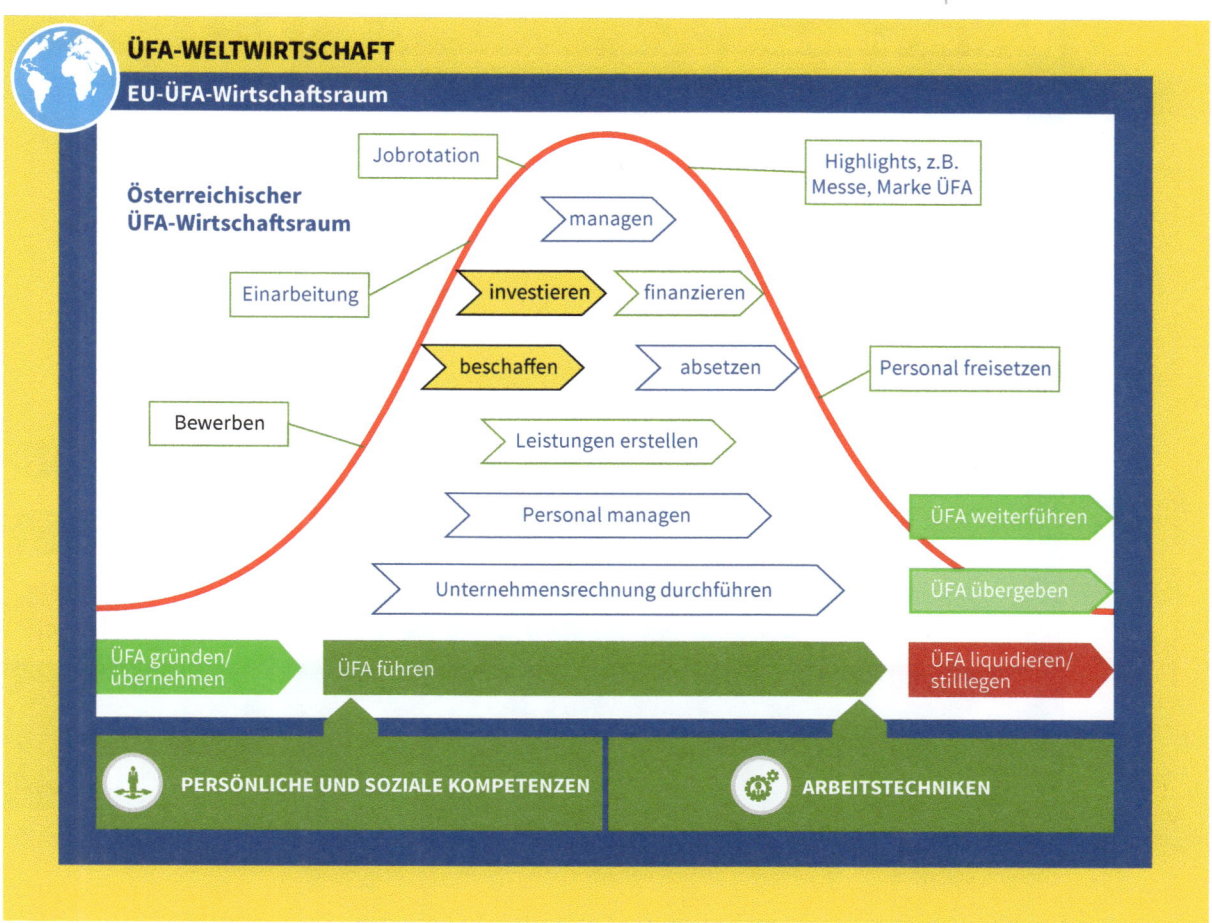

Die Aufgaben „Beschaffung" und „Investition" werden meist von der Einkaufsabteilung bzw. dem Sekretariat durchgeführt.

Ü 10.4 Beschaffung und Investition

a) Erstellt eine Liste aller erforderlichen Anlagegüter, Dienstleistungen und Vorräte für eine Übungsfirma.

b) Gestalte einen entsprechenden Beschaffungsplan und

c) führe dann nach Möglichkeit die Beschaffung und Investition unter Einsatz des ACT-Schulungsmodells in Zusammenarbeit mit einer Übungsfirma durch.

 ZUSATZINHALT
Ein Muster für die Stellenbeschreibungen „Beschaffung" und „Investition" findest du im E-Book.

 ZUSATZINHALT
Aktuelle Beispiele und Vorlagen für die Übungen der Übungsfirma „Schoolpark Software und Research GmbH" findest du im E-Book.

3 Absatz für die Übungsfirma durchführen

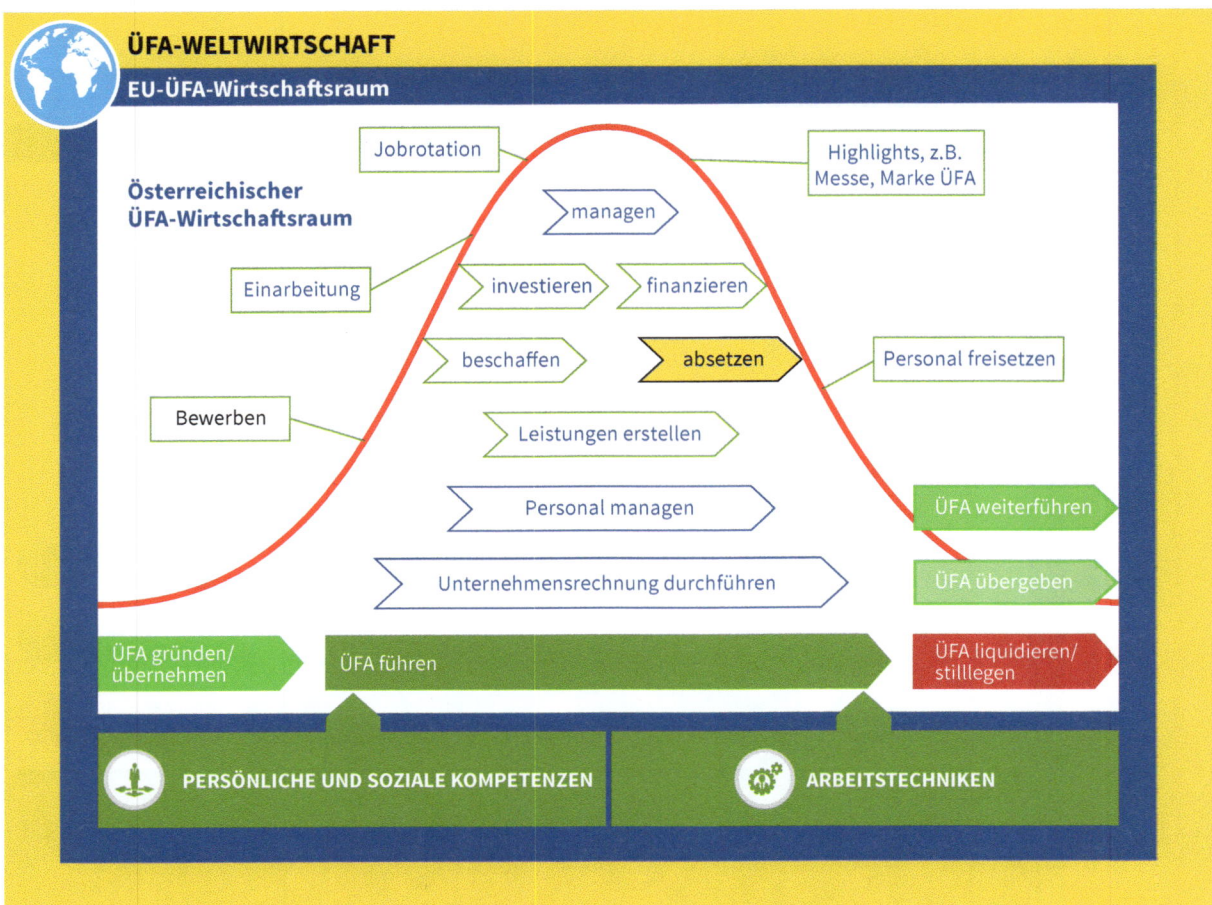

Die Aufgabe „Absetzen" wird meist von der Verkaufsabteilung bzw. der Marketingabteilung durchgeführt.

Ü 10.5 Produkt- und Dienstleistungsinformation

a) Informiere dich über das Produktangebot einer Übungsfirma.

b) Verteilt die Produkte und Dienstleistungen auf alle Schülerinnen/alle Schüler der Klasse (Gruppenarbeit).

c) Erstelle für die zugeteilten Produkte bzw. Dienstleistungen eine Gebrauchsanweisung nach folgenden Gliederungspunkten und bereite dich für eine kurze Präsentation in der nächsten Stunde vor:

- Einsatzgebiet
- weitere Anwendungsmöglichkeiten
- seit wann auf dem Markt
- Wartung und Pflege
- Haltbarkeit
- Risiken und Nebenwirkungen

- Vergleich mit Konkurrenzprodukten
- Verbraucherecho
- Testberichte
- Kosten/Nutzen/Relation
- Slogan

Ü 10.6 Marketingkonzept

Erstellt ein Marketingkonzept in Zusammenarbeit mit einer Übungsfirma und führt dieses durch.

Ü 10.7 Absatzprozess

Simuliert den Absatzprozess in Zusammenarbeit mit einer Übungsfirma.

ZUSATZINHALT
Ein Muster für die Stellenbeschreibung „Absetzen" findest du im E-Book.

ZUSATZINHALT
Aktuelle Beispiele und Vorlagen für die Übungen der Übungsfirma „Schoolpark Software und Research GmbH" findest du im E-Book.

4 Unternehmensrechnung für die Übungsfirma durchführen

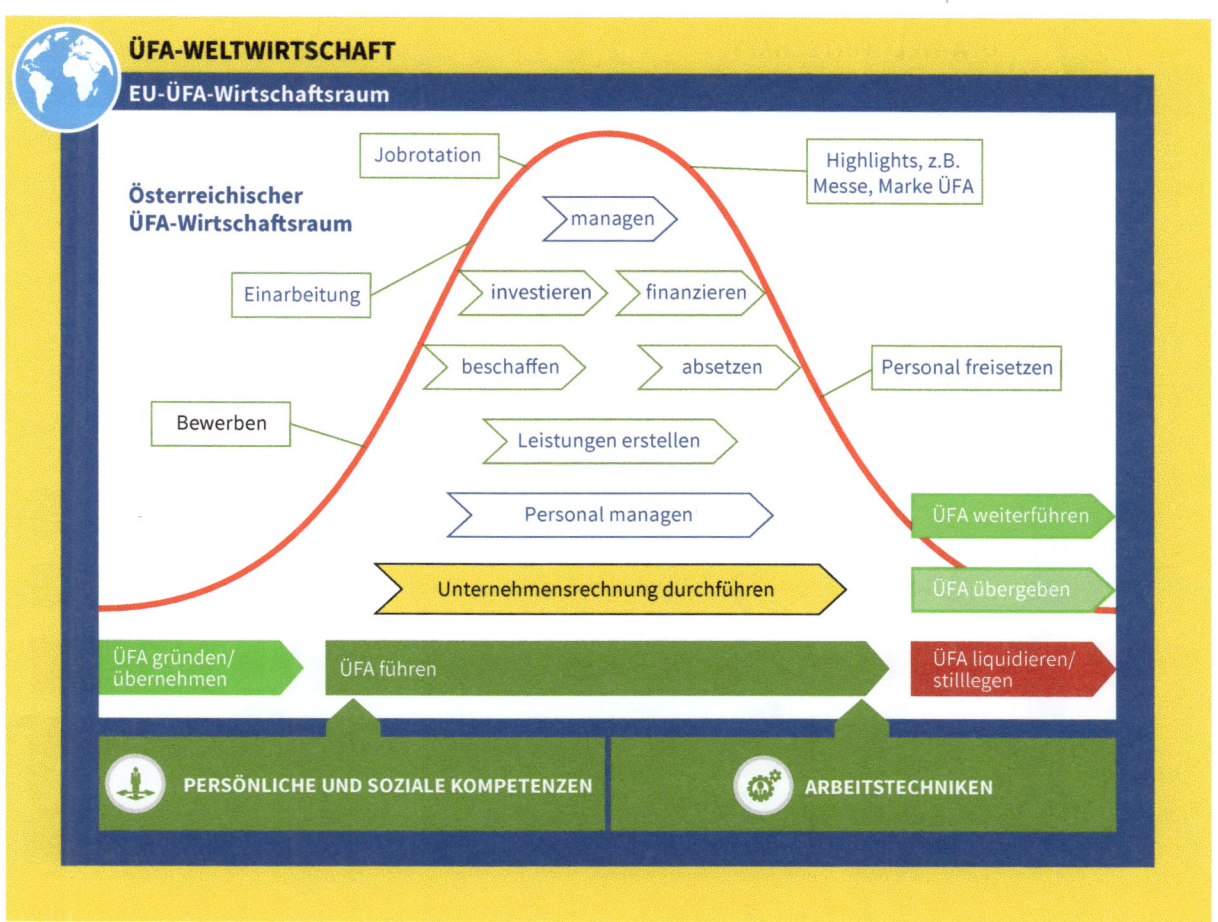

Die Aufgabe „Unternehmensrechnung" samt aller steuerlicher Agenden wird meist von der Rechnungswesenabteilung durchgeführt.

Ü 10.8 Belege bearbeiten

Bearbeite die Belege der Übungsfirma „Schoolpark Software und Research GmbH".

 ZUSATZINHALT
Ein Muster für die Stellenbeschreibung „Unternehmensrechnung" findest du im E-Book.

ZUSATZINHALT
Aktuelle Beispiele und Vorlagen für die Übungen der Übungsfirma „Schoolpark Software und Research GmbH" findest du im E-Book.

5 Personalmanagement und Management für die Übungsfirma durchführen

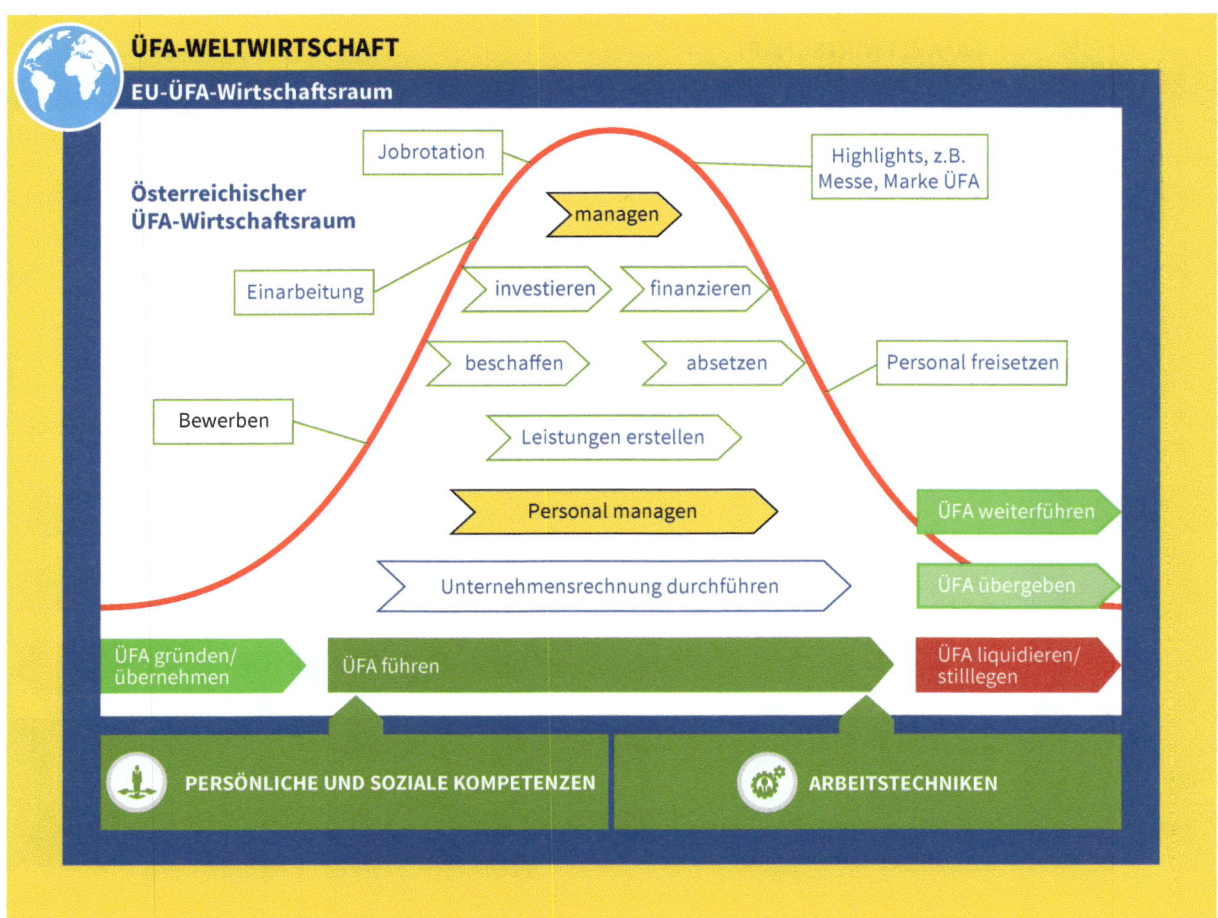

Die Aufgabe „Management" wird meist durch die Geschäftsführung wahrgenommen und von der Assistenz der Geschäftsführung unterstützt. Das „Personalmanagement" entspricht dem Aufgabenbereich der Personalabteilung.

Ü 10.9 Leitbild analysieren

Analysiert anhand der folgenden Leitfragen das vorhandene Leitbild einer Übungsfirma. Macht auch Verbesserungsvorschläge.

- Wer sind wir, was sind unsere Werte?
- Warum soll es uns geben, für wen schaffen wir Nutzen?
- Was sind unsere Stärken, welche Leistungen, Fähigkeiten, Qualifikationen bieten wir an?
- Was ist unsere Vision, wohin wollen wir?

Ü 10.10 Lohn- und Gehaltsverrechnung

Führt die Lohn- und Gehaltsverrechnung für einen Monat in Zusammenarbeit mit einer Übungsfirma durch.

 ZUSATZINHALT
Ein Muster für die Stellenbeschreibungen „Management" und „Personalmanagement" findest du im E-Book.

 ZUSATZINHALT
Aktuelle Beispiele und Vorlagen für die Übungen der Übungsfirma „Schoolpark Software und Research GmbH" findest du im E-Book.

6 Für die Übungsfirma bewerben

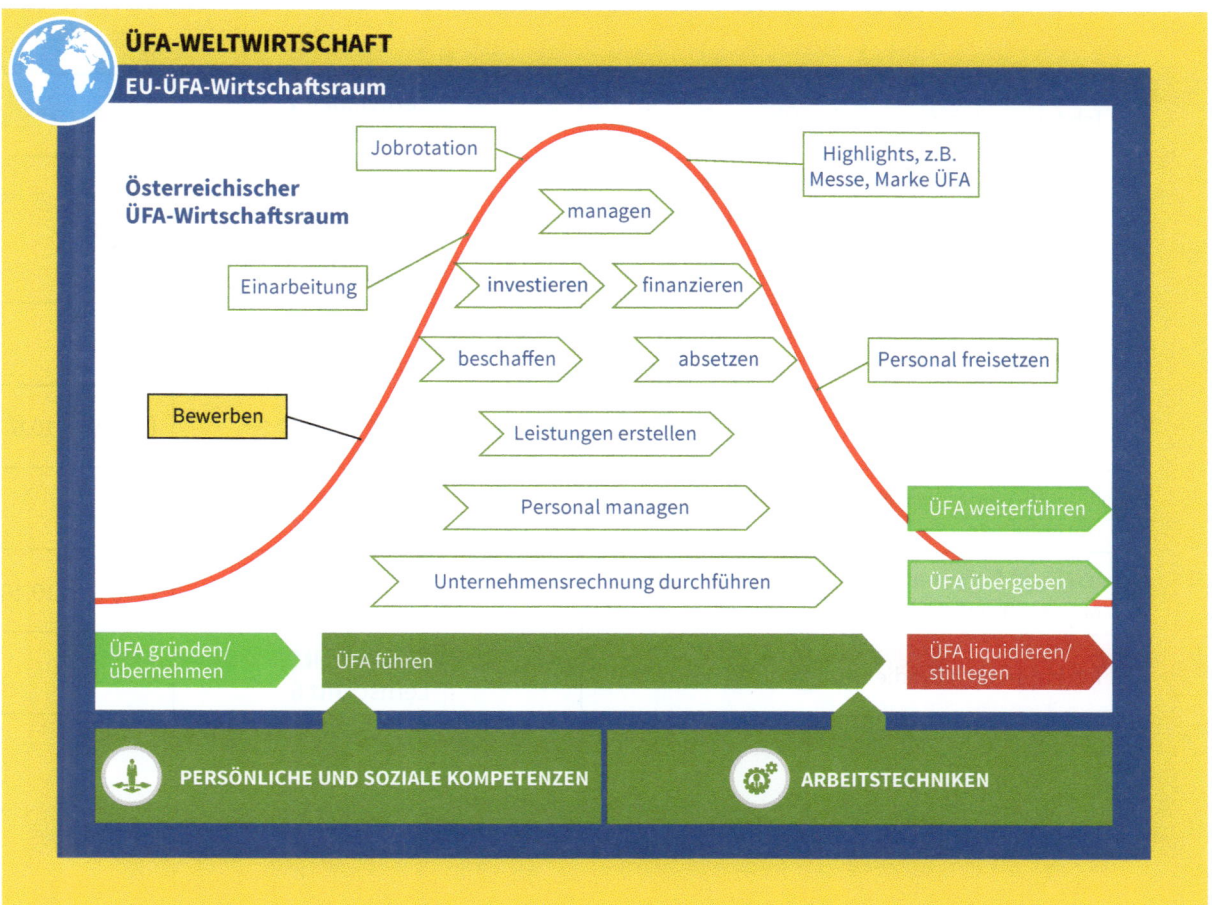

Das Bewerbungsverfahren für die Übungsfirma wird durch die Geschäftsführung geleitet und meist durch die Personalabteilung unterstützt.

Ü 10.11 Bewerbung

Bewirb dich für eine Übungsfirma und erledige dazu folgende Aufgaben:

Vorbereitung – Aufgabe 1:

- Halte deine Stärken, Schwächen, Kenntnisse, Fähigkeiten und Interessen schriftlich fest.
- Sammle alle für die Bewerbung erforderlichen Unterlagen (Zeugnisse, Dienstzeugnisse, Zertifikate etc.) und fertige die notwendige Anzahl von Kopien an (keinesfalls Originale abgeben!).
- Setze dir ein Berufsziel.
- Als zusätzliche Informationsquelle für das Bewerbungsverfahren ist die „Praxismappe für die Arbeitssuche" des AMS sehr empfehlenswert.
- Studiere die Stelleninserate genau. Überlege aufgrund der darin geforderten Kenntnisse und Fähigkeiten, für welche Stelle du geeignet bist, und wofür du Dich bewerben möchtest.

Bewerbungsschreiben und Lebenslauf – Aufgabe 2:

Erstelle aufgrund der in Aufgabe 1 gewonnenen Erkenntnisse ein formgerechtes Bewerbungsschreiben samt Beilagen (Lebenslauf, Zeugniskopien, Dienstzeugnissen etc.). Richte deine Bewerbung an die Geschäftsführung der Übungsfirma.

 ZUSATZINHALT
Aktuelle Beispiele und Vorlagen für die Übungen der Übungsfirma „Schoolpark Software und Research GmbH" findest du im E-Book.

Kompetenzcheck

KOMPETENZEN KAPITEL 10	KANN ICH	LEHRSTOFF	WENN ICH NOCH ÜBEN MUSS ...
Ich kann erklären, was eine Übungsfirma ist.		Lerneinheit 2, Lernschritt 1	Ü 10.1
Ich kann beschreiben, welche Dienstleistungen über ACT, die Österreichische Servicestelle für Übungsfirmen, angeboten werden.		Lerneinheit 2, Lernschritt 1	Ü 10.1
Ich kann die Beschaffung und Investition durchführen.		Lerneinheit 2, Lernschritt 2	Ü 10.4
Ich kann den Absatz betreiben.		Lerneinheit 2, Lernschritt 3	Ü 10.5, Ü 10.6, Ü 10.7
Ich kann die Unternehmensrechnung durchführen.		Lerneinheit 2, Lernschritt 4	Ü 10.8
Ich kann Personalmanagement und Management durchführen.		Lerneinheit 2, Lernschritt 5	Ü 10.9, Ü 10.10
Ich kann mich für die Übungsfirma bewerben.		Lerneinheit 2, Lernschritt 6	Ü 10.11

BILDNACHWEIS

Umschlagbild: VRD / fotolia.com; S. 1: Pavel L Photo and Video / shutterstock.com; S. 3: ESB Professional / shutterstock.com; S. 3: Pavel L Photo and Video / shutterstock.com; S. 6: rassco / shutterstock.com; S. 6: Room27 / shutterstock.com; S. 8: enterlinedesign / shutterstock.com; S. 8: Karierre.at/Manz / Archiv; S. 15: Rawpixel.com / shutterstock.com; S. 17: rassco /; S. 19: rassco / shutterstock.com; S. 22: rassco / shutterstock.com; S. 22: wavebreakmedia / shutterstock.com; S. 24: Darko1981 / shutterstock.com; S. 26: rassco / shutterstock.com; S. 28: rassco / shutterstock.com; S. 29: rassco / shutterstock.com; S. 33: Pressmaster / shutterstock.com; S. 35: rassco / shutterstock.com; S. 37: rassco / shutterstock.com; S. 38: Laenz/Scheit / shutterstock.com; S. 40: PMA / p-m-a.at; S. 43: PMA / p-m-a.at; S. 44: PMA / p-m-a.at; S. 46: PMA / p-m-a.at; S. 48: PMA / p-m-a.at; S. 49: rassco / shutterstock.com; S. 52: Natalia Dobrulya/ Andics / shutterstock.com; S. 55: PMA / p-m-a.at; S. 57: rassco / shutterstock.com; S. 57: Toni Rappersberger / Toni Rappersberger; S. 57: Marion Schmieding/Alexander Obst/Björn Rolle/ / KARDORFF INGENIEURE LICHTPLANUNG; S. 59: PMA / p-m-a.at; S. 60: rassco / shutterstock.com; S. 62: PMA / p-m-a.at; S. 66: rassco / shutterstock.com; S. 71: Virinaflora / shutterstock.com; S. 74/75: PureSolution/ Elisabeth Scheit / shutterstock.com; S. 75: PMA / p-m-a.at; S. 77: rassco / shutterstock.com; S. 79: PMA / p-m-a.at; S. 82: MisterElements / shutterstock.com; S. 87: wavebreakmedia / shutterstock.com; S. 89: rassco / shutterstock.com; S. 89: Jacob Lund / shutterstock.com; S. 91: rassco / shutterstock.com; S. 92: Basecamp / /basecamp.com; S. 93: rassco / shutterstock.com; S. 99: wavebreakmedia / shutterstock.com; S. 101: Macrovector / shutterstock.com; S. 102: Wissanu/Andics / shutterstock.com; S. 103: rassco / shutterstock.com; S. 104: rassco / shutterstock.com; S. 106: rassco/Andics / shutterstock.com; S. 109: Rawpixel.com / shutterstock.com; S. 111: rassco / shutterstock.com; S. 114: rassco / shutterstock.com; S. 117: Monkey Business Images / shutterstock.com; S. 119: rassco / shutterstock.com; S. 121: rassco / shutterstock.com; S. 122: rassco / shutterstock.com; S. 125: Jacob Lund / shutterstock.com; S. 127: rassco / shutterstock.com; S. 128: rassco / shutterstock.com; S. 133: alphaspirit / shutterstock.com; S. 135: ImageFlow/Scheit / shutterstock.com; S. 147: Sergey Nivens/ImageFlow/Scheit/Andics / shutterstock.com; S. 151: ImageFlow / shutterstock.com; S. 152: wikipedia / wikipedia.com; S. 152: Arbeiterkammer / arbeiterkammer.at; S. 154: CITAVI / citavi.de; S. 154: Statistik Austria / statistik.at; S. 158: ImageFlow / shutterstock.com; S. 158: PMA Junior Award / p-m-a.at; S. 161: g-stockstudio / shutterstock.com; S. 162: MisterElements / shutterstock.com; S. 163: 4zevar / shutterstock.com.

Alle anderen Quellenangaben befinden sich bei den Abbildungen. Sämtliche an dieser Stelle nicht angeführten Fotos und Abbildungen wurden von den Autorinnen und Autoren bzw. von MANZ Verlag Schulbuch selbst erstellt. Alle Rechte für diese Abbildungen liegen bei den Autorinnen und Autoren bzw. bei MANZ Verlag Schulbuch.

Wir haben uns bemüht, alle Inhaber/innen von Bildrechten ausfindig zu machen. Sollten dennoch Urheberrechte verletzt worden sein, bitten wir um Kontaktaufnahme mit uns.